EXAM PRESS®
冷凍機械責任者試験学習書

炎の第3種冷凍機械責任者
[テキスト＆問題集]

石原鉄郎

SE
SHOEISHA

本書内容に関するお問い合わせについて

このたびは翔泳社の書籍をお買い上げいただき、誠にありがとうございます。弊社では、読者の皆様からのお問い合わせに適切に対応させていただくため、以下のガイドラインへのご協力をお願い致しております。下記項目をお読みいただき、手順に従ってお問い合わせください。

●ご質問される前に

弊社Webサイトの「正誤表」をご参照ください。これまでに判明した正誤や追加情報を掲載しています。

正誤表　https://www.shoeisha.co.jp/book/errata/

●ご質問方法

弊社Webサイトの「書籍に関するお問い合わせ」をご利用ください。

書籍に関するお問い合わせ　https://www.shoeisha.co.jp/book/qa/

インターネットをご利用でない場合は、FAXまたは郵便にて、下記"翔泳社 愛読者サービスセンター"までお問い合わせください。
電話でのご質問は、お受けしておりません。

●回答について

回答は、ご質問いただいた手段によってご返事申し上げます。ご質問の内容によっては、回答に数日ないしはそれ以上の期間を要する場合があります。

●ご質問に際してのご注意

本書の対象を越えるもの、記述個所を特定されないもの、また読者固有の環境に起因するご質問等にはお答えできませんので、予めご了承ください。

●郵便物送付先および FAX 番号

送付先住所　〒160-0006　東京都新宿区舟町 5
FAX番号　03-5362-3818
宛先　（株）翔泳社 愛読者サービスセンター

※ 著者および出版社は、本書の使用による第３種冷凍機械責任者試験合格を保証するものではありません。
※ 本書に記載された URL 等は予告なく変更される場合があります。
※ 本書の出版にあたっては正確な記述に努めましたが、著者および出版社のいずれも、本書の内容に対してなんらかの保証をするものではなく、内容やサンプルに基づくいかなる運用結果に関してもいっさいの責任を負いません。

はじめに

みなさん、こんにちは。炎の第３種冷凍機械責任者の著者の石原鉄郎です。炎と冷凍。一見すると真逆な関係にも思えますが、吸収冷凍機など冷凍するために加熱するという装置もあるがごとく、冷凍機械責任者試験に合格するためには、燃え滾（たぎ）る炎のような情熱が必要なのです。

冷凍機械は生産工場、冷凍倉庫、地域熱冷暖房施設などに使用されています。一方、ビルの冷房用には冷凍機械責任者の選任が必要な冷凍機械は使用されなくなってきています。

ただし、ビルから冷凍機械がなくなったわけではありません。冷凍機械責任者の選任が不要な小形の冷凍機械を分散配置したビル用マルチパッケージエアコンに姿を変えて多数設置されています。

冷凍機械責任者試験で出題される保安管理の科目の内容は、ビル用マルチパッケージエアコンの保安管理にも必要な知識です。したがって冷凍機械責任者は、ビルメンテナンス業において冷凍機械のメンテテンスに必要な知識を有している者と評価されます。

第３種冷凍機械責任者試験は「保安管理」と「法令」の科目が出題されます。出題形式は複数ある選択肢の文章から正しい記述の組み合わせを選ぶ形で出題されています。計算問題や図説問題はなく、すべて文章問題が出題されています。したがって選択肢の文章を読んで正誤を判断できる読解力が求められる試験です。保安管理よりも出題数の多い法令の科目は特に読解力が求められます。理系要素とともに文系要素が強く求められる試験といえます。

このような第３種冷凍機械責任者試験に読者のみなさんが合格されることを祈りつつ、本書が微力ながら貢献できれば幸いです。

2022年7月　石原鉄郎

CONTENTS | 目次

第2科目　法令 ………… 145

▶ 模擬問題

とある日の屋上、
ランチタイムにて
あれ～、
センパイ？
こんなところで
一人ランチなんて
珍しいですね！
おお、
美菜か。
少し勉強に
集中したくてな。
地道歩
最強のビルメンを
目指す男
工学
クールに燃えろ！
第3種
えっ?!
何の勉強を
してるんですか？
へぇ～
先輩が勉強
ねぇ～

あっ!!
わかりました！
アイス屋さんに
なるための
勉強ですね！
いいですね！
私アイス大好きです！
はぁ？
アイス屋？
なに
言ってんだ？
ぐ～
どこから
アイス屋が
出て…

美味しいのが出来たら
ゴチそうしてもらうと
思ったのに残念だなぁ。
あははっ
ぽすっ
違うんですか？
アイスと「冷凍」って
書いてある本を
持っているから、
美味しいアイスを
つくるための研究でも
しているのかと。

冷凍機械…？
確かにアイスは
持ってるし
「冷凍」の本だけど、
これは
「冷凍機械責任者」に
なるための本だよ。
はあ〜〜っ
工学
クールに燃えろ！
第3種

ぱあぁあっ
じゃあ、冷凍庫の中に
いる仕事ですね！
あ!?
わかった!!
ズバリ!!
アイスの倉庫番に
なりたいんですね！
イメージ
うまいアイス
かき氷バー

暑苦しい先輩を
クールに冷ますには
ちょうどいい
仕事じゃないですか！
まてまて…
冷凍庫から
いったん離れろ！
あと、どさくさに
紛れてサラっと
ディスるのは
やめろ！
いいか、
冷凍機械は食べ物
なんかを冷凍保存する
ためだけじゃなく、
ビルや住居の
空調設備なんかにも
使われているんだぞ。
で、
そこの冷凍機械を
保守管理するには
「冷凍機械責任者」と
いう資格が必要
ってわけだ。
それって誰でも
なれるもんなん
ですか？
いやいや、
試験に合格する
必要があるぞ。

今、俺が目指しているのは
「第３種冷凍機械責任者」だが、
この冷凍機械には「高圧ガス」が
利用されているので、
「高圧ガス製造保安責任者」
という国家資格の1つに
なっているぞ。
国家試験！
カッコいい!!
ビルの空調施設や
工場なんかの
冷凍装置だけでなく、
スーパーやコンビニ
冷凍設備とか身近な
ところのメンテナンス
にも活かせる資格だ。
あれ?!
やっぱりアイスの…
ほかにも、普段あまり
目にしないと思うが、
発電所や、航空関係、
宇宙開発といった分野にも
冷凍機械は使われて
いるから、活躍の場が
広いんだ。
てことではなさそう…
ははは
はっ

ところで美菜、お前「ビルメン4点セット」って聞いたことがあるか？
4点セットですか？
2電工、乙4、2ボ、冷3のことなんだが…※
※「第2種電気工事士」「危険物取扱者乙種4類」「2級ボイラー技士」「第3種冷凍機械責任者」。「冷3」の変わりに「消防設備士」の場合もある。
まっ、まぁな。
これらを持っていると設備職やビルメン業の就職・転職に強くなるのさ。
セットでお得！みたいな？
すみません！私、行かないと。
バイバイ
スタッ
……
じゃあね、センパイ。アイスのために頑張って！
で、オレはあとこの3種冷凍を取れば、揃う！
だから今、頑張っているんだ！
ガバッ
キーンコーンカーン
あっ!!始業だ。
あれ…？！今までの話、聞いていたよね？
アイスは関係ないって、、
ポロッ
頑張れ地道「3種冷凍」を取るその日まで…

Information | 試験情報

◆冷凍機械責任者とは

正式名称は「高圧ガス製造保安責任者」です。主に小型冷凍空調機器を備えている施設、冷凍倉庫、冷凍冷蔵工場等において、製造（冷凍）に係る保安の実務を含む統括的な業務を行う方に必要な資格で、1日の冷凍能力が100トン未満の製造施設に関する保安に携わることができます。

◆試験の内容

第3種冷凍機械責任者の試験科目は、法令と保安管理技術の2科目です。共に択一式で、法令が20問、保安管理技術が15問出題されます。試験時間は法令60分、保安管理技術90分です。

試験科目	問題数	出題形式	試験時間
法令	20問	択一式	60分
保安管理技術	15問		90分

◆科目免除

高圧ガス保安協会が行う講習の課程を修了した方は、試験の一部が免除される特典があります。また、ある種類の冷凍機械責任者試験に合格している方が、新たに別の種類の同試験を受けようとする場合に、合格した試験と新たに受けようとしている試験の種類の組み合わせによって、試験科目の一部が免除されます。

◆合格基準

受験する2科目のそれぞれが60％以上の得点を獲得していると合格となります。

◆受験資格、受験地、試験日程

受験資格はなく、誰でも受験可能です。受験地は全国47都道府県で、1箇所以上の試験地が用意されています。試験は年に1回、11月の第2日曜日に実施されます。

◆受験の手続き

受験の申し込みには、受験願書を郵送する「書面申請」と、ホームページ上で申し込む「電子申請」の2種類があります。受験願書は、最寄りの試験事務所から入手できます。受験を希望する試験地の担当試験事務所に郵送または持参してください。

◆受験手数料

第3種冷凍機械責任者試験の受験手数料は、電子申請が8,200円、書面申請が8,700円（非課税。2022年6月現在）

◆詳細情報

受験内容に関する詳細、最新情報は、試験のホームページで必ず事前にご確認ください。試験地の確認や電子申請もこちらから行えます。

高圧ガス保安協会：https://www.khk.or.jp/

Structure ｜ 本書の使い方

本書では、2科目ある試験科目の内容を、31テーマ（全6章）に分けて解説しています。各章末には演習問題があり、巻末には模擬問題があります。

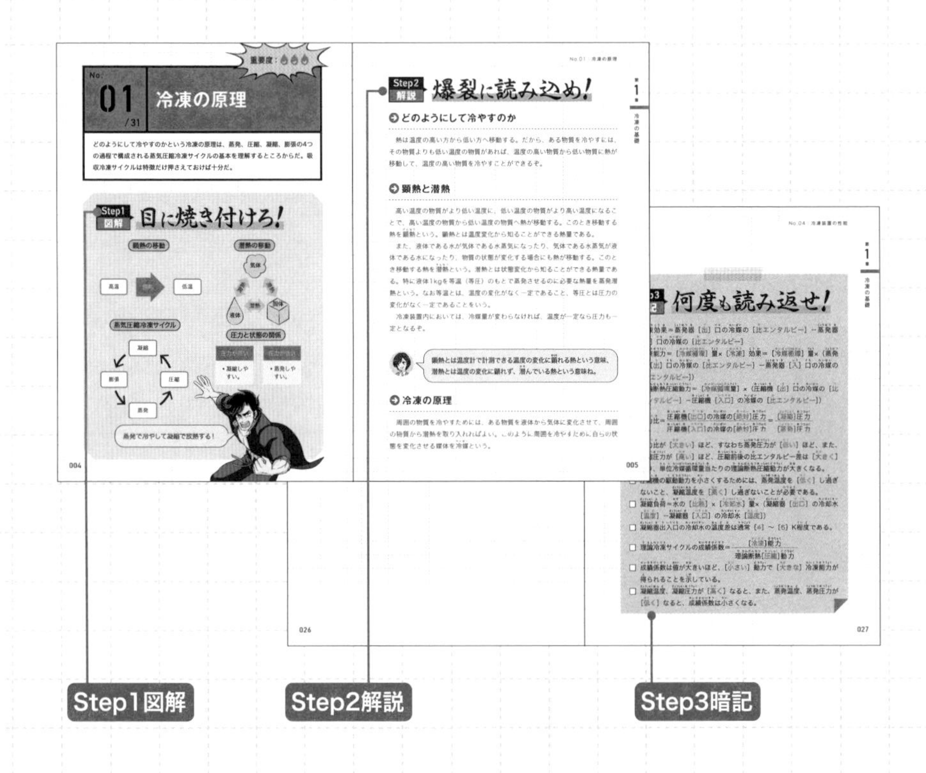

◆テキスト部分

各テーマは、3ステップで学べるように構成しています。

Step1図解：重要ポイントのイメージをつかむことができます。

Step2解説：丁寧な解説で、イメージを理解につなげることができます。

Step3暗記：覚えるべき最重要ポイントを振り返ることができます。

重要な箇所はすべて赤い文字で記していますので、附属の赤シートをかけて学習すると効果的です。

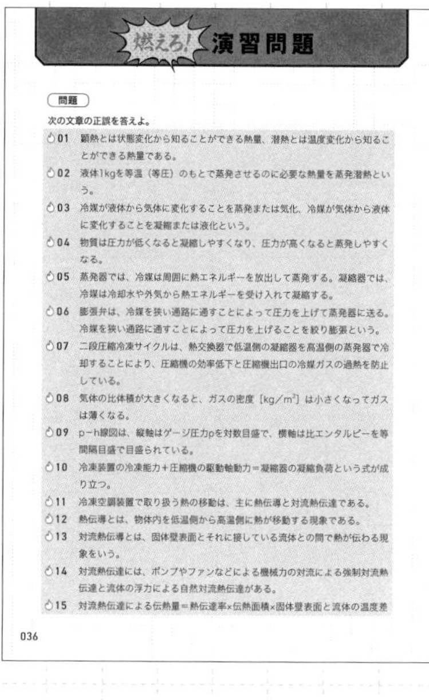

燃えろ! 演習問題

問題

次の文章の正誤を答えよ。

01 顕熱とは状態変化から知ることができる熱量、潜熱とは温度変化から知ることができる熱量である。

02 液体1kgを等温（等圧）のもとで蒸発させるのに必要な熱量を蒸発潜熱という。

03 冷媒が液体から気体に変化することを蒸発または気化、冷媒が気体から液体に変化することを凝縮または液化という。

04 物質は圧力が低くなると凝縮しやすくなり、圧力が高くなると蒸発しやすくなる。

05 蒸発器では、冷媒は周囲に熱エネルギーを放出して蒸発する。凝縮器では、冷媒は冷却水や外気から熱エネルギーを受け入れて凝縮する。

06 膨張弁は、冷媒を狭い通路に通すことによって圧力を上げて蒸発器に送る。冷媒を狭い通路に通すことによって圧力を上げることを絞り膨張という。

07 二段圧縮冷凍サイクルは、熱交換器で低温側の凝縮器を高温側の蒸発器で冷却することにより、圧縮機の効率低下と圧縮機出口の冷媒ガスの過熱を防止している。

08 気体の比体積が大きくなると、ガスの密度［kg／m^3］は小さくなってガスは薄くなる。

09 p－h線図は、縦軸はゲージ圧力pを対数目盛で、横軸は比エンタルピーを等間隔目盛で目盛られている。

10 冷凍装置の冷凍能力＋圧縮機の駆動軸動力＝凝縮器の凝縮負荷という式が成り立つ。

11 冷凍空調装置で取り扱う熱の移動は、主に熱伝導と対流熱伝達である。

12 熱伝導とは、物体内を低温側から高温側に熱が移動する現象である。

13 対流熱伝導とは、固体壁表面とそれに接している流体との間で熱が伝わる現象をいう。

14 対流熱伝達には、ポンプやファンなどによる機械力の対流による強制対流熱伝達と流体の浮力による自然対流熱伝達がある。

15 対流熱伝達による伝熱量＝熱伝達率×伝熱面積×固体壁表面と流体の温度差

036

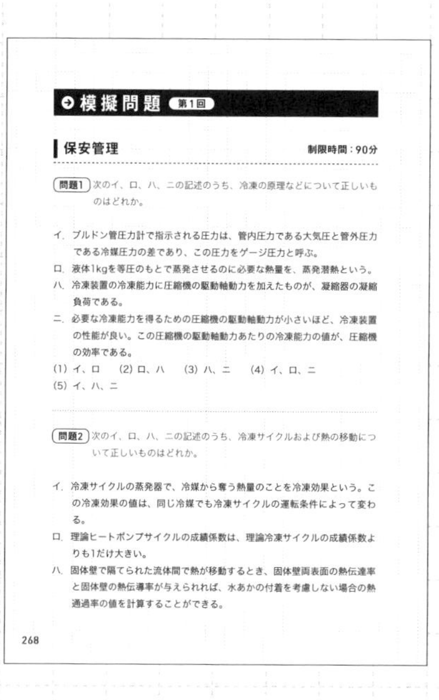

模擬問題 第1回

保安管理　制限時間：90分

問題1 次のイ、ロ、ハ、ニの記述のうち、冷凍の原理などについて正しいものはどれか。

イ．ブルドン管圧力計で指示される圧力は、管内圧力である大気圧と管外圧力である冷媒圧力の差であり、この圧力をゲージ圧力と呼ぶ。
ロ．液体1kgを等圧のもとで蒸発させるのに必要な熱量を、蒸発潜熱という。
ハ．冷凍装置の冷凍能力に圧縮機の駆動軸動力を加えたものが、凝縮器の凝縮負荷である。
ニ．必要な冷凍能力を得るための圧縮機の駆動軸動力が小さいほど、冷凍装置の性能が良い。この圧縮機の駆動軸動力あたりの冷凍能力の値が、圧縮機の効率である。

(1) イ、ロ　(2) ロ、ハ　(3) ハ、ニ　(4) イ、ロ、ニ
(5) イ、ハ、ニ

問題2 次のイ、ロ、ハ、ニの記述のうち、冷凍サイクルおよび熱の移動について正しいものはどれか。

イ．冷凍サイクルの蒸発器で、冷媒から奪う熱量のことを冷凍効果という。この冷凍効果の値は、同じ冷媒でも冷凍サイクルの運転条件によって変わる。
ロ．理論ヒートポンプサイクルの成績係数は、理論冷凍サイクルの成績係数よりも1だけ大きい。
ハ．固体壁で隔てられた流体間で熱が移動するとき、固体壁両表面の熱伝達率と固体壁の熱伝導率が与えられれば、水あかの付着を考慮しない場合の熱通過率の値を計算することができる。

268

◆演習問題

章内容の知識を定着させられるよう、章末には演習問題を用意しています。分からなかった問題は、各テーマの解説に戻るなどして、復習をしましょう。

◆模擬問題

2回分の模擬問題を用意しています。模擬問題を解くことで、試験での出題のされ方や、時間配分などを把握できます。

Special | 読者特典のご案内

本書の読者特典として、各章末に掲載されている一問一答の演習問題をすべて収録したWebアプリをご利用いただけます。お持ちのスマートフォン、タブレット、パソコンなどから下記のURLにアクセスし、ご利用ください。

◆読者特典Webアプリ

https://www.shoeisha.co.jp/book/exam/9784798176048

画面例

※この画面は同シリーズ別書籍の例です。

ご利用にあたっては、SHOEISHAiDへの登録と、アクセスキーの入力が必要になります。アクセスキーの入力は、画面の指示に従って進めてください。

この読者特典は予告なく変更になることがあります。あらかじめご了承ください。

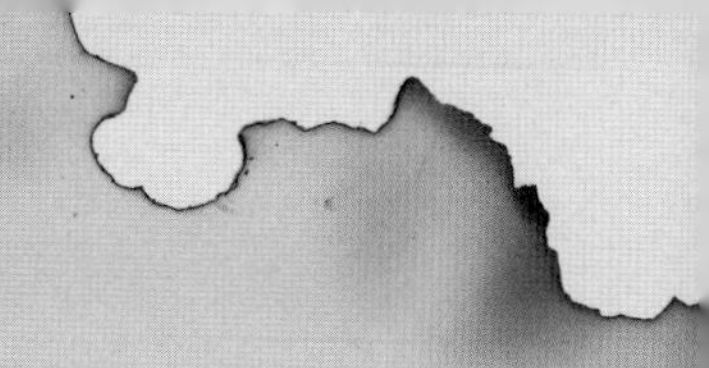

第1科目

保安管理

試験科目	試験時間	問題数	出題形式	合格ライン
法令	60分	20問	択一式	60%程度（12問以上）
保安管理技術	90分	15問	択一式	60%程度（9問以上）

第1章

冷凍の基礎

冷凍の原理、熱の移動、冷凍装置の性能、冷媒等について学習する。難しそうな用語が出てくるが、ひるまずに基本を理解しよう。

アクセスキー　e
（小文字のイー）

重要度：🔥🔥🔥

No.
01 冷凍の原理
/31

どのようにして冷やすのかという冷凍の原理は、蒸発、圧縮、凝縮、膨張の4つの過程で構成される蒸気圧縮冷凍サイクルの基本を理解するところからだ。吸収冷凍サイクルは特徴だけ押さえておけば十分だ。

Step1 図解 目に焼き付けろ！

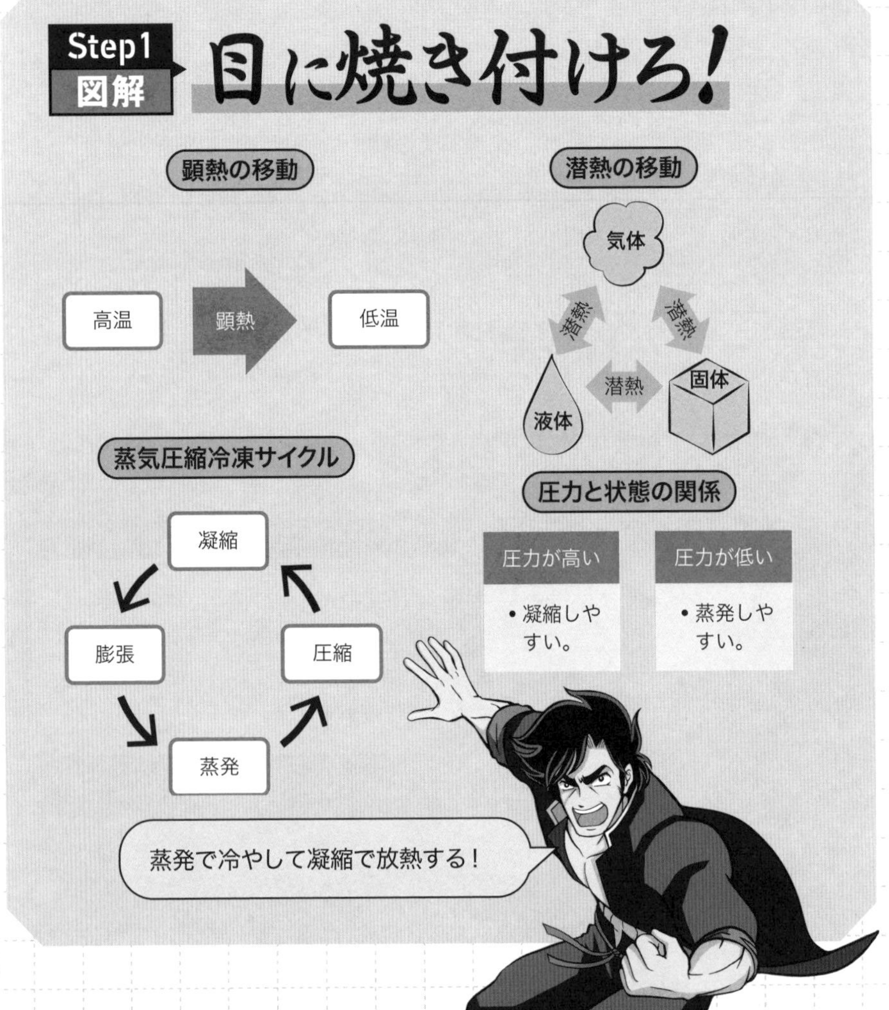

Step2 解説 爆裂に読み込め！

どのようにして冷やすのか

熱は温度の高い方から低い方へ移動する。だから、ある物質を冷やすには、その物質よりも低い温度の物質があれば、温度の高い物質から低い物質に熱が移動して、温度の高い物質を冷やすことができるぞ。

顕熱と潜熱

高い温度の物質がより低い温度に、低い温度の物質がより高い温度になることで、高い温度の物質から低い温度の物質へ熱が移動する。このとき移動する熱を**顕熱**（けんねつ）という。顕熱とは**温度変化**から知ることができる熱量である。

また、液体である水が気体である水蒸気になったり、気体である水蒸気が液体である水になったり、物質の状態が変化する場合にも熱が移動する。このとき移動する熱を**潜熱**（せんねつ）という。潜熱とは**状態変化**から知ることができる熱量である。特に液体1kgを等温（等圧）のもとで蒸発させるのに必要な熱量を**蒸発潜熱**という。なお等温とは、温度の変化がなく一定であること、等圧とは圧力の変化がなく一定であることをいう。

冷凍装置内においては、冷媒量が変わらなければ、温度が一定なら圧力も一定となるぞ。

顕熱とは温度計で計測できる温度の変化に顕（あらわ）れる熱という意味、潜熱とは温度の変化に顕れず、潜（ひそ）んでいる熱という意味ね。

冷凍の原理

周囲の物質を冷やすためには、ある物質を液体から気体に変化させて、周囲の物質から潜熱を取り入れればよい。このように周囲を冷やすために自らの状態を変化させる媒体を**冷媒**（れいばい）という。

周囲の物質を冷やすために液体から気体に蒸発した冷媒を、そのまま大気に放出するのは不経済なので、液体に戻されて再利用される。液体に戻された冷媒は再び気体に変化して周囲の物質を冷やす。

このように冷媒を液体→気体→液体と繰り返し状態を変化させて、周囲の物質を冷やす一連のサイクルを**冷凍サイクル**というぞ！

冷媒が液体から気体に変化することを、**蒸発**または気化という。
冷媒が気体から液体に変化することを、**凝縮**または液化という。

冷凍サイクル

周囲を冷やすために蒸発した冷媒を再び液体に戻すには、蒸発して気体になった冷媒を圧縮して加圧してやればよい。物質は圧力が高くなると凝縮しやすくなる。気体になった冷媒を圧縮して加圧すると温度が上昇するが、別の場所で放熱させてやれば冷媒は凝縮し再び液体に戻る。再び液体になった冷媒を蒸発させるには、液体になった冷媒を膨張させて減圧すればよい。物質は圧力が低くなると蒸発しやすくなる。

このように密閉された装置内の冷媒が、圧縮、膨張されて液体→気体→液体と状態変化しながら循環して流れる一連のサイクルを**冷凍サイクル**という。冷凍サイクルは、**蒸発**(じょうはつ)、**圧縮**(あっしゅく)、**凝縮**(ぎょうしゅく)、**膨張**(ぼうちょう)の4つの過程で構成されている。

冷凍装置内においては、冷媒量が変わらなければ、温度が一定なら圧力も一定となるぞ。

圧力が高くなると凝縮しやすくなる例は100円ライターだ。100円ライターの燃料は加圧されて液化されているんだ。

冷凍サイクルの主要機器

冷凍サイクルの各過程を実現するための装置は、**蒸発器**、**圧縮機**、**凝縮器**、**膨張弁**で構成されている。

- **蒸発器**：冷媒は周囲から**熱エネルギーを受け入れて**蒸発する。
- **圧縮機**：冷媒蒸気（気体状の冷媒）に**動力を加えて**圧縮する。冷媒は圧力と温度の高い気体になる。
- **凝縮器**：圧縮機で圧縮された高圧高温の冷媒蒸気を冷却して液化させる装置。凝縮器で冷媒は冷却水や外気に熱エネルギーを**放出**して凝縮する。
- **膨張弁**：冷媒を狭い通路に通すことによって圧力を**下げて**蒸発器に送る。冷媒を狭い通路に通すことによって圧力を下げることを**絞り**（しぼ）**膨張**という。

冷媒が流れる通路を狭くすると冷媒の流速が速くなる。このとき冷媒の圧力エネルギーが速度エネルギーに変換されて冷媒の圧力が下がる。この現象が絞り膨張だ。

その他の冷凍サイクル

その他の冷凍サイクルに**吸収冷凍サイクル**と**二段圧縮冷凍サイクル**がある。

- **吸収冷凍サイクル**

吸収冷凍サイクルは、圧縮機の代わりに吸収器、発生器、溶液ポンプ等を用いて冷媒を循環させるサイクルである。吸収冷凍サイクルは**圧縮機**が不要で、可動部が**ポンプ**のみという特徴を有している。

吸収冷凍サイクルに対して、圧縮機を用いた冷凍サイクルを蒸気圧縮冷凍サイクルという。

- **二段圧縮冷凍サイクル**

蒸気圧縮冷凍サイクルを低温側と高温側の二段階にしたもので、蒸発温度（蒸発器での冷媒が蒸発する温度）が**−30℃**以下の低温の用途に用いられる。熱交換器で低温側の**凝縮器**を高温側の**蒸発器**で冷却することにより、圧縮機の効率低下と圧縮機出口の冷媒ガスの過熱を防止している。

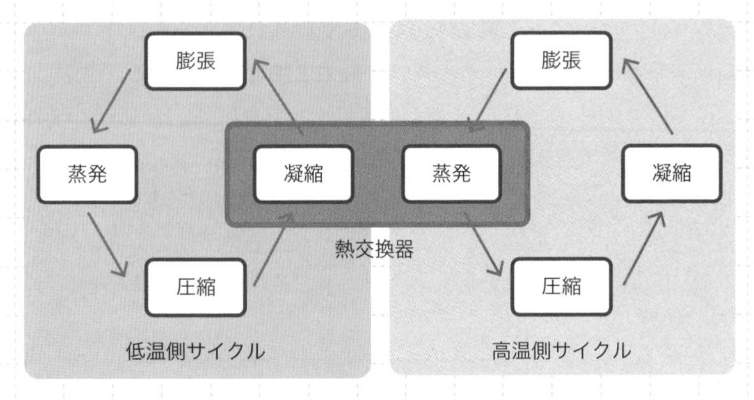

図1-1：二段圧縮冷凍サイクル

Step3 暗記 何度も読み返せ！

- □ 熱は温度の［高い方］から［低い方］へ移動する。
- □ 顕熱とは［温度変化］から知ることができる熱量である。
- □ 潜熱とは［状態変化］から知ることができる熱量である。
- □ 液体［1kg］を等温（等圧）のもとで蒸発させるのに必要な熱量を［蒸発潜熱］という。
- □ 周囲を冷やすために自らの状態を変化させる媒体を［冷媒］という。
- □ 冷媒が液体から気体に変化することを［蒸発］または気化という。
- □ 冷媒が気体から液体に変化することを［凝縮］または液化という。
- □ 物質は圧力が高くなると［凝縮］しやすくなる。
- □ 物質は圧力が低くなると［蒸発］しやすくなる。
- □ 冷凍サイクルは［蒸発］、［圧縮］、［凝縮］、［膨張］の4つの過程で構成されている。
- □ 冷凍装置は、［蒸発器］、［圧縮機］、［凝縮器］、［膨張弁］で構成されている。

- □ 蒸発器では、冷媒は周囲から［熱エネルギー］を［受け入れて］蒸発する。
- □ 圧縮機では、冷媒蒸気に［動力］を［加えて］圧縮する。
- □ 凝縮器では、冷媒は冷却水や外気に［熱エネルギー］を［放出して］凝縮する。
- □ 膨張弁は、冷媒を狭い通路に通すことによって［圧力］を［下げて］蒸発器に送る。
- □ 冷媒を狭い通路に通すことによって圧力を下げることを［絞り膨張］という。
- □ 吸収冷凍サイクルは［圧縮機］が不要で、可動部が［ポンプ］のみである。
- □ 二段圧縮冷凍サイクルは［−30℃以下］の低温の用途に用いられる。
- □ 二段圧縮冷凍サイクルは、熱交換器で［低温側の凝縮器］を［高温側の蒸発器］で［冷却］することにより、圧縮機の効率低下と圧縮機出口の冷媒ガスの過熱を防止している。

焦らず、少しずつ進んで行こう！

重要度：🔥🔥

No. 02 /31 基本事項と冷凍装置の熱収支

基本事項としては、絶対温度と摂氏温度、絶対圧力とゲージ圧力、熱流量、比熱、比体積、比エンタルピー、日本冷凍トン、冷媒循環量、p−h線図について学習しよう。

Step1 図解 目に焼き付けろ！

冷凍装置の熱収支

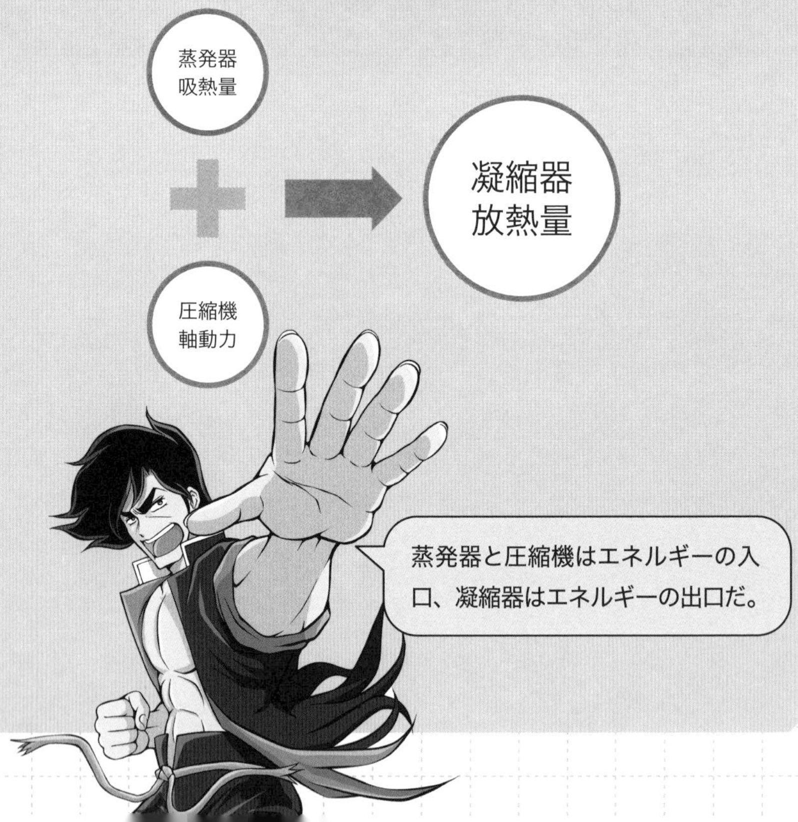

蒸発器
吸熱量

＋

圧縮機
軸動力

→

凝縮器
放熱量

蒸発器と圧縮機はエネルギーの入口、凝縮器はエネルギーの出口だ。

Step2 解説 爆裂に読み込め！

基本事項

◆絶対温度と摂氏温度

絶対温度は絶対零度（−273℃）を基点にした温度で単位は［K］で表される。摂氏温度［℃］との間に次式が成り立つ。

絶対温度 ＝ 摂氏温度 ＋ 273

◆絶対圧力とゲージ圧力

真空を基点にした圧力を**絶対圧力**［MPa（メガパスカル）］という。圧力計で指示される圧力を**ゲージ圧力**［MPa］という。ゲージ圧力は、**管内圧力**と**管外大気圧**との圧力差により変形するブルドン管を用いた圧力計で指示される。絶対圧力とゲージ圧力との間に次式が成り立つ。

絶対圧力 ＝ ゲージ圧力 ＋ 大気圧

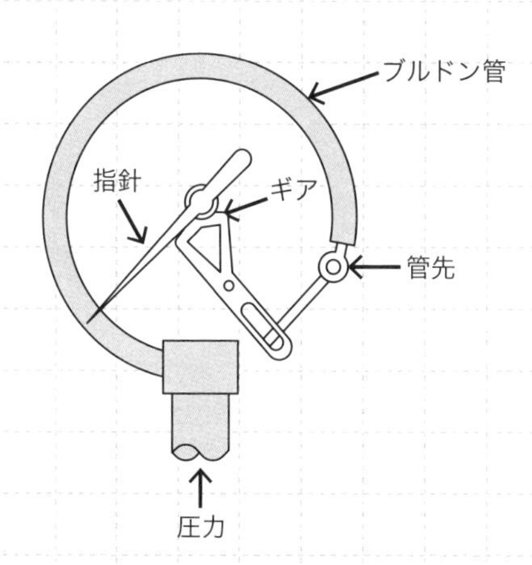

図2-1：ブルドン管を用いた圧力計

◆熱流量

熱流量［kW］とは**単位時間当たりのエネルギー**［kJ］である。kWとkJの関係は、1kW＝1kJ／sである。

◆比熱

比熱［kJ／（kg・K)］とは1kgの物質の温度を1K上げるのに必要な熱量である。

◆比体積

比体積［m^3／kg］とは単位質量当たりの体積である。気体の比体積が大きくなると、ガスの密度［kg／m^3］は小さくなってガスは薄くなる。冷媒蒸気の比体積を直接測定することは困難なので、冷媒蒸気の圧力と温度を測定し、その値から線図や換算表を用いて比体積を求める。

◆比エンタルピー

比エンタルピー［kJ／kg］は、循環する冷媒1kgの中に含まれるエネルギーである。冷媒の比エンタルピーは、0℃の飽和液の比エンタルピーの値を200kJ／kgとした基準を用いて示される。飽和液とは沸騰状態の液体をいう。

◆日本冷凍トン

日本冷凍トンは冷凍能力の単位として用いられる。1日本冷凍トンとは、0℃の水1トン（1000kg）を1日（24時間）で0℃の氷にするために除去が必要な熱量である。

◆冷媒循環量

冷媒循環量［kg／s］とは、冷凍装置内を循環する冷媒の流量で、単位時間当たりの質量の流量である。

◆p−h線図

p−h線図とは冷媒の圧力pと温度tを測定すれば、比エンタルピーhなどを知ることができるグラフである。p−h線図は、縦軸は絶対圧力pを対数目盛で、横軸は比エンタルピーを等間隔目盛で目盛られている。なお、対数目盛とは目盛りの振り方が対数の関係になっている目盛りをいう。

第3種冷凍機械責任者試験ではp−h線図を読み取るような問題は出題されない。縦軸−圧力−対数目盛、横軸−比エンタルピー−等間隔目盛とだけ覚えておけば十分だ！

冷凍装置の熱収支

冷凍装置の熱の移動は、蒸発器の吸熱量と圧縮機の駆動軸動力が入力され、凝縮器の放熱量が出力される。

蒸発器の吸熱量は、蒸発器の冷却能力であり冷凍装置の冷凍能力という。凝縮器の放熱量は凝縮器の凝縮負荷という。冷凍装置の冷凍能力、凝縮器の凝縮負荷、圧縮機の駆動軸動力の関係は次式で表される。

冷凍装置の冷凍能力 ＋ 圧縮機の駆動軸動力 ＝ 凝縮器の凝縮負荷

この式からいえるのは、凝縮負荷の方が圧縮機の駆動軸動力の分だけ冷凍能力より大きくなるということ。これはよく問われるので覚えておこう。

Step3 暗記 何度も読み返せ！

- □ [絶対] 温度＝ [摂氏] 温度＋ [273]
- □ [絶対] 圧力＝ [ゲージ] 圧力＋ [大気] 圧
- □ 熱流量 [kW] とは単位 [時間] 当たりのエネルギー [kJ] である。
- □ 1kW＝1kJ／ [s] の関係である。
- □ [比熱] [kJ／ (kg・K)] とは1kgの物質の温度を1K上げるのに必要な熱量である。
- □ [比体積] [m^3／kg] とは単位質量当たりの体積である。
- □ 気体の [比体積] が大きくなると、ガスの密度 [kg／m^3] は [小さく] なってガスは [薄] くなる。
- □ 冷媒蒸気の比体積を直接測定することは困難なので、冷媒蒸気の [圧力] と [温度] を測定し、その値から線図や換算表を用いて比体積を求める。
- □ 比エンタルピー [[kJ] ／kg] は、循環する冷媒1kgの中に含まれるエネルギーである。
- □ 冷媒の比エンタルピーは、[0] ℃の飽和液の比エンタルピーの値を [200] kJ／kgとした基準を用いて示される。
- □ 1日本冷凍トンとは、[0] ℃の水 [1] トン ([1000] kg) を [1] 日 ([24] 時間) で [0] ℃の氷にするために除去が必要な熱量である。
- □ 冷媒循環量 [[kg] ／s] とは、冷凍装置内を循環する冷媒の流量で、単位時間当たりの [質量] の流量である。
- □ p−h線図は、[縦] 軸は絶対圧力pを [対数] 目盛で、[横] 軸は比エンタルピーを [等間隔] 目盛で目盛られている。
- □ [冷凍装置の冷凍能力] ＋ [圧縮機の駆動軸動力] ＝凝縮器の凝縮負荷

重要度：🔥🔥

No.

03 /31 熱の移動

熱の移動の3つの形態である熱伝導、対流熱伝達、熱放射（熱ふく射）と、関連する熱伝導率、熱伝導抵抗、熱伝達率、熱通過率、算術平均温度差について学習しよう。似たような用語が多いので間違えないように気をつけよう。

Step1 図解 目に焼き付けろ！

熱伝導の物体内の温度分布

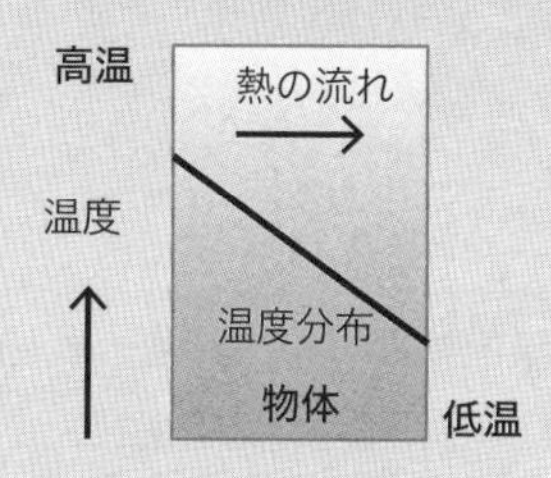

熱通過のフロー

高温側流体	固体壁	低温側流体
高温側 対流熱伝達	固体壁 熱伝導	低温側 対流熱伝達

Step2 解説　爆裂に読み込め！

熱の移動の3つの形態

熱の移動には熱伝導、対流熱伝達、熱放射（熱ふく射）の3つの形態がある。このうち冷凍空調装置で取り扱う熱の移動は、主に熱伝導と対流熱伝達である。

「伝導」と「伝達」は紛らわしいので間違えないようにしないと！

熱伝導による熱の移動

◆熱伝導

熱伝導とは、物体内を高温側から低温側に熱が移動する現象である。熱が一方向に定常状態で流れる場合、物体内の温度分布は直線になる。

定常状態とは、時間に伴い変化しない状態をいう。

◆熱伝導率

熱伝導による熱の伝わりやすさを熱伝導率という。熱伝導率は物質ごとに固有の値を示す。主な物質を熱伝導率の大きい順に並べると次のとおりである。

銅＞アルミニウム＞鉄>水あか＞グラスウール＞ポリウレタンフォーム＞空気

水あかとは、冷却水に含まれるカルシウムなどの成分が固まったものをいうぞ。グラスウールやポリウレタンフォームは断熱材に用いられるんだ。空気の熱伝導率はグラスウールやポリウレタンフォームよりも小さいぞ！

◆熱伝導抵抗

熱伝導抵抗とは、熱伝導による熱の伝わりにくさをいう。熱伝導抵抗は次式で表される。

$$\text{熱伝導抵抗} = \frac{\text{物体の厚さ}}{\text{熱伝導率} \times \text{物体の断面積}}$$

第3種冷凍機械責任者試験では、計算問題は出題されない。単位が表記されていない文章で出題されるので、式の単位は省略してある。

➔ 対流熱伝達による熱移動

◆対流熱伝達

対流熱伝達とは、固体壁表面とそれに接している流体との間で熱が伝わる現象をいう。対流熱伝達には、ポンプやファンなどによる機械力の対流による強制対流熱伝達と流体の浮力による自然対流熱伝達がある。

流体とは、液体と気体の流動性のある物体をいう。
対流熱伝達とは、固体と液体または固体と気体の間のように異なる物体間を熱が伝わる現象をいう。

◆熱伝達率

熱伝達率とは、対流熱伝達による熱の伝わりやすさをいう。対流熱伝達による伝熱量は、熱伝達率を用いると次式で表される。

対流熱伝達による伝熱量 ＝ 熱伝達率 × 伝熱面積 × 固体壁表面と流体の温度差

熱伝達率の値は、固体壁面の形状、流体の種類、流速などの状態によって変化する。

伝熱面積とは、熱が伝わる面の面積のことね！

熱通過による熱の移動

◆熱通過

熱通過とは、高温側の流体から低温側の流体へ固体壁を貫いて熱が伝わる現象をいう。すなわち熱通過とは次のように熱が伝わる現象である。

高温側の対流熱伝達 ⇒ 固体壁の熱伝導 ⇒ 低温側の対流熱伝達

◆熱通過率

熱通過率とは、熱通過による熱の伝わりやすさをいう。熱通過による伝熱量は、熱通過率を用いると次式で表される。

熱通過による伝熱量 ＝ 熱通過率 × 伝熱面積 × 高温流体と低温流体の温度差

熱通過率の値は、高温側の対流熱伝達率、低温側の対流熱伝達率、固体壁の熱伝導率と固体壁の厚さが与えられれば算出することができる。

熱通過率は、高温側の対流熱伝達率、低温側の対流熱伝達率、固体壁の熱伝導率が与えられていても、固体壁の厚さが与えらなければ算出することができない。このことも覚えておこう!

◆平均温度差

熱通過による伝熱量を算定するには、高温側流体と低温側流体の温度差を知る必要がある。冷凍装置においては高温側流体と低温側流体がともに流れているため装置の場所によって温度差が異なる。装置の入口は高温側流体と低温側流体の温度差は大きいが、装置の出口に行くにしたがって高温側流体と低温側流体の温度差は小さくなる。

熱通過による伝熱量を算定するための高温側流体と低温側流体の温度差には、数%の誤差が許容される場合、次式で表される算術平均温度差が用いられる。

$$\text{算術平均温度差} = \frac{\text{入口温度差} + \text{出口温度差}}{2}$$

本来、冷凍装置の熱通過の伝熱量の算定のためには、対数平均温度差が用いられるが、数%の誤差が許容される場合には算術平均温度差が用いられる。対数平均温度差についてはほとんど出題されていないので本書では説明しない。

Step3 暗記 何度も読み返せ！

- □ 冷凍空調装置で取り扱う熱の移動は、主に熱［伝導］と対流熱［伝達］。
- □ 熱伝導とは、［物体］内を高温側から低温側に熱が移動する現象。
- □ 熱が一方向に定常状態で流れる場合、物体内の温度分布は［直線］になる。
- □ 主な物質の熱伝導率の比較

［銅］＞［アルミニウム］＞鉄>水あか＞［グラスウール］＞ポリウレタンフォーム＞［空気］

- □ 熱伝導抵抗＝$\dfrac{\text{物体の［厚さ］}}{\text{熱伝導率×物体の［断面積］}}$
- □ 対流熱伝達とは、［固体］壁表面とそれに接している［流体］との間で熱が伝わる現象をいう。
- □ 対流熱伝達には、ポンプやファンなどによる機械力の対流による［強制］対流熱伝達と流体の浮力による［自然］対流熱伝達がある。
- □ 対流熱伝達による伝熱量＝熱伝達率×伝熱［面積］×固体壁［表面］と流体の［温度］差
- □ 熱伝達率の値は、固体壁面の形状、流体の種類、流速などの状態によって［変化］する。
- □ 熱通過：高温側の対流熱［伝達］⇒固体壁の熱［伝導］⇒低温側の対流熱［伝達］
- □ 熱通過による伝熱量＝熱通過率×伝熱［面積］×高温流体と低温流体の［温度］差
- □ 熱通過率の値は、高温側の対流熱［伝達］率、低温側の対流熱［伝達］率、固体壁の熱［伝導］率と固体壁の［厚さ］が与えられれば算出することができる。
- □ 算術平均温度差＝$\dfrac{\text{［入口］温度差＋［出口］温度差}}{2}$

重要度：🔥🔥🔥

No.
04 /31 冷凍装置の性能

冷凍サイクルと冷媒の変化、蒸発器、圧縮機、凝縮器の冷凍装置の各冷凍装置の性能（冷凍能力、理論断熱圧縮動力、凝縮負荷、成績係数など）について学習しよう。特に冷凍サイクルと冷媒の変化を理解しよう。

Step1 図解 目に焼き付けろ！

冷凍サイクルと冷媒の変化

蒸発
- 液体⇒気体
- 温度低下、圧力一定、比エンタルピー増加

圧縮
- 気体
- 温度上昇、圧力上昇、比エンタルピー増加、比エントロピー一定

凝縮
- 気体⇒液体
- 温度低下、圧力一定、比エンタルピー減少

膨張
- 液体の一部⇒気体
- 温度低下、圧力低下、比エンタルピー一定

Step2 解説

爆裂に読み込め！

➔ 冷凍サイクルと冷媒の変化

冷媒は密閉された冷凍装置内を状態変化しながら循環している。冷凍サイクルの各過程の冷媒の変化は次のとおりである。

● 蒸発

① 液体から気体に変化する。

② 周囲から熱を奪って比エンタルピーが増加する。

③ ①②の結果、温度が低下する。

④ 圧力は変わらない。

● 圧縮

① 低温低圧の気体が高温高圧の気体に変化する。（温度、圧力とも上昇）

② 圧縮機の動力エネルギーが加わり、比エンタルピーが増加する。

③ 比エントロピーは変わらない等エントロピー変化となる。

エントロピーとは、吸収熱量を温度で割った値で、物質の熱的状態を表すものの1つである。エントロピーの定義はとても難しいので、第3種冷凍機械責任者の出題範囲においては理解する必要はない。エンタルピーとは違うものとだけ認識しておこう。

● 凝縮

① 気体から液体に変化する。

② 周囲に熱を放出して比エンタルピーが減少する。

③ 水や空気により冷却されて温度が低下する。

④ 圧力は変わらない。

• 膨張

① 液体の一部が気体に変化する。

② 圧力低下に伴い一部の液体が蒸発して温度が低下する。

③ 比エンタルピーは変わらない等エンタルピー変化となる。

唱えろ！ゴロあわせ

■圧縮は等エントロピー、膨張は等エンタルピー

圧縮されたトロ、　膨張したタル

圧縮　等エントロピー　膨張　等エンタルピー

➔ 各冷凍装置の性能

蒸発器、圧縮機、凝縮器の冷凍装置の各冷凍装置の性能を次に示す。

◆蒸発器の性能

①冷凍効果

冷凍効果とは、蒸発器において冷媒1kgが周囲から奪う熱量をいい、次式で表される。

冷凍効果 ＝ 蒸発器出口の冷媒の比エンタルピー － 蒸発器入口の冷媒の比エンタルピー

②冷凍能力

冷凍能力とは、蒸発器において単位時間当たりに周囲から奪う熱量をいい、次式で表される。

冷凍能力 ＝ **冷媒循環量**×冷凍効果 ＝ **冷媒循環量** ×（蒸発器**出口**の冷媒の**比エンタルピー** − 蒸発器**入口**の冷媒の**比エンタルピー**）

冷凍効果や冷凍能力は、同じ冷媒でも冷凍サイクルの運転条件（凝縮温度、蒸発温度など）によって変化する。このことも覚えておこう！

◆圧縮機の性能

①理論断熱圧縮動力

理論断熱圧縮動力とは、圧縮機が何の損失もない理想的な動作をする理論的な断熱圧縮において必要とされる単位時間当たりのエネルギーをいい、次式で表される。

理論断熱圧縮動力 ＝ **冷媒循環量** ×（圧縮機**出口**の冷媒の**比エンタルピー** − 圧縮機**入口**の冷媒の**比エンタルピー**）

断熱とは、外部から加熱されたり、冷却されたりせずに、熱のやり取りがないことをいう。

②圧力比

圧力比とは、圧縮機**入口**の冷媒の**絶対**圧力に対する圧縮機**出口**の冷媒の**絶対**圧力で、次式で表される。

$$\text{圧力比} = \frac{\text{圧縮機出口の冷媒の絶対圧力}}{\text{圧縮機入口の冷媒の絶対圧力}} = \frac{\text{凝縮圧力}}{\text{蒸発圧力}}$$

圧力比が**大きい**ほど、すなわち蒸発圧力が**低い**ほど、また、凝縮圧力が**高い**

ほど、圧縮前後の比エンタルピー差は大きくなり、単位冷媒循環量当たりの理論断熱圧縮動力が大きくなる。また密閉された装置内の気体の圧力は温度に比例するので、圧縮機の駆動動力を小さくするためには、蒸発温度を低くし過ぎないこと、凝縮温度を高くし過ぎないことが必要である。

凝縮圧力とは凝縮器における冷媒の圧力をいう。圧力損失を無視すれば圧縮機出口の圧力と等しい。蒸発圧力とは蒸発器における冷媒の圧力をいう。圧力損失を無視すれば圧縮機入口の圧力に等しい。

◆凝縮器の性能

凝縮器の性能としては凝縮器が担う**凝縮負荷**がある。冷却水を用いて冷媒を冷却する水冷凝縮器における凝縮負荷は、冷却水量［kg／s］を用いて次式で表される。

凝縮負荷 ＝ 水の比熱×冷却水量 ×（凝縮器出口の冷却水温度 － 凝縮器入口の冷却水温度）

凝縮器出入口の冷却水の温度差は通常4～6K程度である。上式から凝縮負荷がわかれば必要な冷却水量が決まり、冷却水量と凝縮器の出入口温度差がわかれば凝縮負荷を求められる。

水冷凝縮器で冷媒から凝縮熱を取り入れて高温になった冷却水は、ビル屋上などにある冷却塔で熱を大気中に放出している。

冷凍サイクルの性能

冷凍サイクルの性能を表す尺度に成績係数がある。理論断熱圧縮時の理論冷凍サイクルにおける成績係数は次式で表される。

$$\text{理論冷凍サイクルの成績係数}=\frac{\text{冷凍能力}}{\text{理論断熱圧縮動力}}$$

成績係数は値が大きいほど、**小さい**動力で**大きな**冷凍能力が得られることを示している。成績係数は、同じ冷媒でも冷凍サイクルの運転条件（凝縮温度、蒸発温度など）によって変化する。凝縮温度、凝縮圧力が**高く**なると、また、蒸発温度、蒸発圧力が**低く**なると、成績係数は小さくなる。

冷凍サイクルの成績係数とは、圧縮機の動力に対する蒸発器での冷凍能力だ。このことはしっかり認識しておこう！

Step 3 暗記 何度も読み返せ！

- □ 冷凍効果＝蒸発器［出］口の冷媒の［比エンタルピー］－蒸発器［入］口の冷媒の［比エンタルピー］
- □ 冷凍能力＝［冷媒循環］量×［冷凍］効果＝［冷媒循環］量×（蒸発器［出］口の冷媒の［比エンタルピー］－蒸発器［入］口の冷媒の［比エンタルピー］）
- □ 理論断熱圧縮動力＝［冷媒循環量］×（圧縮機［出］口の冷媒の［比エンタルピー］－圧縮機［入口］の冷媒の［比エンタルピー］）
- □ 圧力比＝$\dfrac{\text{圧縮機[出口]の冷媒の[絶対]圧力}}{\text{圧縮機[入口]の冷媒の[絶対]圧力}}=\dfrac{\text{[凝縮]圧力}}{\text{[蒸発]圧力}}$
- □ 圧力比が［大きい］ほど、すなわち蒸発圧力が［低い］ほど、また、凝縮圧力が［高い］ほど、圧縮前後の比エンタルピー差は［大きく］なり、単位冷媒循環量当たりの理論断熱圧縮動力が大きくなる。
- □ 圧縮機の駆動動力を小さくするためには、蒸発温度を［低く］し過ぎないこと、凝縮温度を［高く］し過ぎないことが必要である。
- □ 凝縮負荷＝水の［比熱］×［冷却水］量×（凝縮器［出口］の冷却水［温度］－凝縮器［入口］の冷却水［温度］）
- □ 凝縮器出入口の冷却水の温度差は通常［4］～［6］K程度である。
- □ 理論冷凍サイクルの成績係数＝$\dfrac{\text{[冷凍]能力}}{\text{理論断熱[圧縮]動力}}$
- □ 成績係数は値が大きいほど、［小さい］動力で［大きな］冷凍能力が得られることを示している。
- □ 凝縮温度、凝縮圧力が［高く］なると、また、蒸発温度、蒸発圧力が［低く］なると、成績係数は小さくなる。

重要度：🔥🔥🔥

No.
05 /31 冷媒

単一成分冷媒と混合冷媒、共沸冷媒と非共沸冷媒、自然冷媒、冷媒と地球環境、沸点と臨界点、フルオロカーボン冷媒とアンモニア冷媒、有機ブラインと無機ブラインについて学習しよう。

Step1 図解 目に焼き付けろ！

冷媒の分類

- 冷媒
  - 単一成分冷媒
  - 混合冷媒
    - 共沸冷媒
    - 非共沸冷媒

ブラインの分類

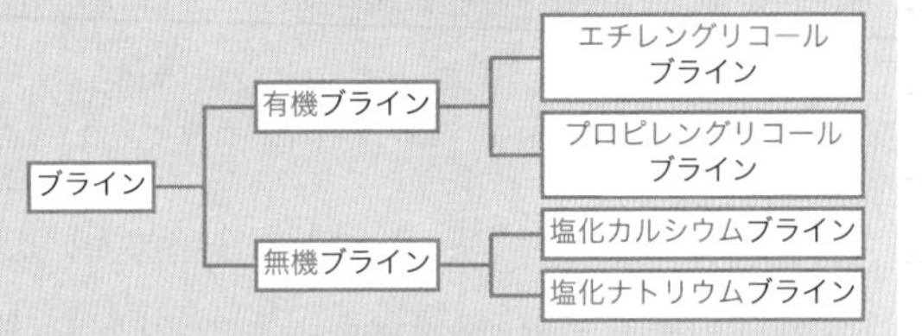

フルオロカーボン冷媒とアンモニア冷媒の特徴

フルオロカーボン冷媒

- 液は冷凍機油より重い
- 蒸気は空気より重い
- 液と水は溶け合わない
- 液と冷凍機油は溶け合う
- 2%超のマグネシウムを含むアルミニウムを腐食させる

アンモニア冷媒

- 液は冷凍機油より軽い
- 蒸気は空気より軽い
- 液は水とよく溶け合う
- 液と冷凍機油は溶け合わない
- 銅、銅合金を腐食させる

共沸と非共沸、フルオロカーボンとアンモニア、有機ブラインと無機ブライン、しっかり切り分けて理解しよう。

Step2 解説 爆裂に読み込め！

単一成分冷媒と混合冷媒

冷媒には単一の成分からなる**単一成分**冷媒と、複数の成分からなる**混合**冷媒がある。単一成分冷媒にはR134aなどが、混合冷媒にはR404A、R410Aなどがある。R134a、R404A、R410Aは冷媒記号といい、いずれもHFC（ハイドロフルオロカーボン）冷媒の一種を示している。

ハイドロフルオロカーボンとは、水素、フッ素、炭素からなる分子構造の物質だ。ハイドロとは水素、フルオロカーボンとはフッ素と炭素の化合物のことをいうぞ。

共沸冷媒と非共沸冷媒

混合冷媒は共沸（きょうふつ）冷媒と非共沸冷媒に分類される。

共沸冷媒は、単一成分冷媒のように一定の圧力のもとで一定の**温度**で凝縮・蒸発する冷媒をいう。一方、非共沸冷媒は、一定の圧力のもとで凝縮・蒸発するときに、**温度**が一定とならず凝縮・蒸発の開始時点と終了時点に**温度**差が生じる冷媒をいう。この**温度**差は線図上では一定の勾配で示されるので**温度**勾配という。

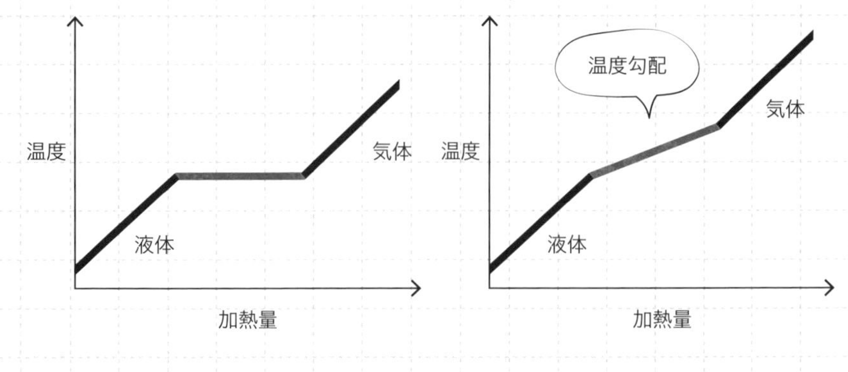

図5-1：共沸冷媒と非共沸冷媒の温度変化

つまり、共沸冷媒とは共通の沸点を持っている冷媒、非共沸冷媒とは共通の沸点を持っていない冷媒という意味ね！沸点については後で解説があるわ。

自然冷媒

自然冷媒とは、元来自然界に存在する物質による冷媒をいう。自然冷媒には、R290（プロパン）、R717（アンモニア）、R744（二酸化炭素）などがある。

唱えろ！ゴロあわせ

■自然冷媒の冷媒記号

肉ゼロのプロパン　**ないなアンモニア**
R290　R717

なしよ二酸化炭素
R744

冷媒と地球環境

大気中に放出されたCFC（クロロフルオロカーボン）冷媒やHCFC（ハイドロクロロフルオロカーボン）冷媒は**塩素**を放出し、この**塩素**によりオゾン層を破壊する。HFC（ハイドロフルオロカーボン）は**塩素**を含まないためオゾン層を破壊しないが、CFC冷媒、HCFC冷媒とともに地球温暖化をもたらす温室効果ガスである。

地球温暖化をもたらす度合の指標に地球温暖化係数（GWP）がある。CFC、HCFC、HFCなどのフルオロカーボン冷媒は**高い**GWPをもつ。一方、**低い**GPW冷媒にはR290（プロパン）、R717（アンモニア）、R744（二酸化炭素）などの自然冷媒が挙げられる。

CFC（クロロフルオロカーボン）冷媒
HCFC（ハイドロクロロフルオロカーボン）冷媒
HFC（ハイドロフルオロカーボン）冷媒
Fの前のCはクロロ、すなわち塩素だ。そして塩素があるとオゾン層を破壊するのだ。オゾン層破壊については解説しないぞ。甘ったれるな！わからなければ自分で調べろ！

沸点と臨界点

◆沸点

沸点とは、標準沸点ともいい、飽和圧力が標準**大気圧**になるときの飽和温度をいう。標準沸点は冷媒の種類によって**異なる**。また、同じ温度で比較すると、標準沸点の低い冷媒は標準沸点の高い冷媒よりも**高い**飽和圧力を有する傾向がある。

要するに、沸点とは大気圧下において飽和状態になって沸騰する温度をいうぞ。試験ではわかりにくい表現で出題されるので、本文のわかりにくい表現のまま理解しよう。
沸点の低い冷媒のほうが高い飽和圧力を有する。これは、同じ温度では、沸点の低い物質の方が、より高い圧力をかけないと液化しないということだ。

◆臨界点

臨界点とは、その物質の気体と液体の区別がなくなる状態点をいう。臨界点における温度を臨界温度、臨界点における圧力を臨界圧力という。臨界温度以上または臨界圧力以上の範囲では、その物質は蒸発や凝縮をしない。また、臨界点は飽和圧力曲線の終点として表される。飽和圧力曲線とは、温度に対する飽和圧力の関係を示した曲線をいう。

臨界温度以上になると、いくら加圧しても凝縮しなくなる。臨界圧力以上になると、いくら加熱しても蒸発しなくなる。そして臨界点に達すると飽和圧力曲線も終わる。

フルオロカーボン冷媒とアンモニア冷媒

主な冷媒であるフルオロカーボン冷媒とアンモニア冷媒の特徴は次のとおりである。

• フルオロカーボン冷媒の特徴

①冷媒液の冷凍機油より重い
②冷媒蒸気は空気より重い
③冷媒液と水は溶け合わない
④冷媒液と冷凍機油は溶け合う
⑤2%超のマグネシウムを含むアルミニウムを腐食させる

フルオロカーボン冷媒に水はほとんど溶けずに遊離水分となる。遊離水分は冷凍装置内を循環し氷点以下の温度箇所で**氷結**し、膨張弁などに詰まって冷媒の流れを阻害する原因になる。またフルオロカーボンと水が高温下で存在していると加水分解して酸性物質を生成し、金属を**腐食**させる場合がある。

冷凍機油とは、冷凍装置の圧縮機のための潤滑油をいう。フルオロカーボン冷凍装置の冷凍機油には冷媒とよく溶け合うものが選定される。

● アンモニア冷媒の特徴

①冷媒液は冷凍機油より**軽い**
②冷媒蒸気は空気より**軽い**
③冷媒液は水とよく溶け**合う**
④冷媒液と冷凍機油は溶け**合わない**
⑤**鋼**には腐食性はないが、**銅**、**銅**合金を腐食させる

アンモニア冷媒と水はよく溶け合うので、アンモニア冷凍装置内に侵入した水分が**微量**の場合には支障はないが、**大量**の水分の侵入は冷凍能力の低下を引き起こす。

アンモニアは可燃性、毒性である。このことも覚えておこう。

ブライン

ブラインとは、一般に、凍結点が0℃以下の液体で、**状態**を変化させずに**顕熱**のみを利用して対象物を冷却する熱媒体をいう。ブラインには有機物または無機物の水溶液が用いられる。ブラインの水溶液の無機物または有機物の濃度が低下すると凍結点が**上昇**する。ブラインは、水溶液を構成している物質により、有機ブラインと無機ブラインに大別される。

要するに、ブライン水溶液の濃度が低下すると凍結点が上昇し、凍結しやすくなるんですね。

◆有機ブライン

有機ブラインには、**エチレングリコール**ブライン（**エチレングリコール**水溶液）や**プロピレングリコール**ブライン（**プロピレングリコール**水溶液）がある。**エチレングリコール**ブラインおよび**プロピレングリコール**ブラインの最低の凍結温度は**−50℃**である。腐食抑制剤を添加した有機ブラインは、無機ブラインと異なり、金属を**腐食しない**という特長を有している。

◆無機ブライン

無機ブラインには、**塩化カルシウム**ブライン（**塩化カルシウム**水溶液）や**塩化ナトリウム**ブライン（**塩化ナトリウム**水溶液）などがある。無機ブラインは空気と接触すると空気中の**酸素**が溶け込み金属を**腐食**させるので、ブラインを空気と接触させないようにする必要がある。また、**塩化カルシウム**ブラインの最低の凍結温度は**−55℃**である。

ブラインとは、そもそも塩水という意味だ。塩水は塩化ナトリウム水溶液だ。塩水が金属を腐食させやすいのはそもそも知っているだろう。

Step 3 暗記　何度も読み返せ！

- □ 共沸冷媒は、単一成分冷媒のように一定の圧力のもとで一定の［温度］で凝縮・蒸発する冷媒をいう。
- □ 非共沸冷媒は、一定の圧力のもとで凝縮・蒸発するときに、［温度］が一定とならず凝縮・蒸発の開始時点と終了時点に［温度］差が生じ

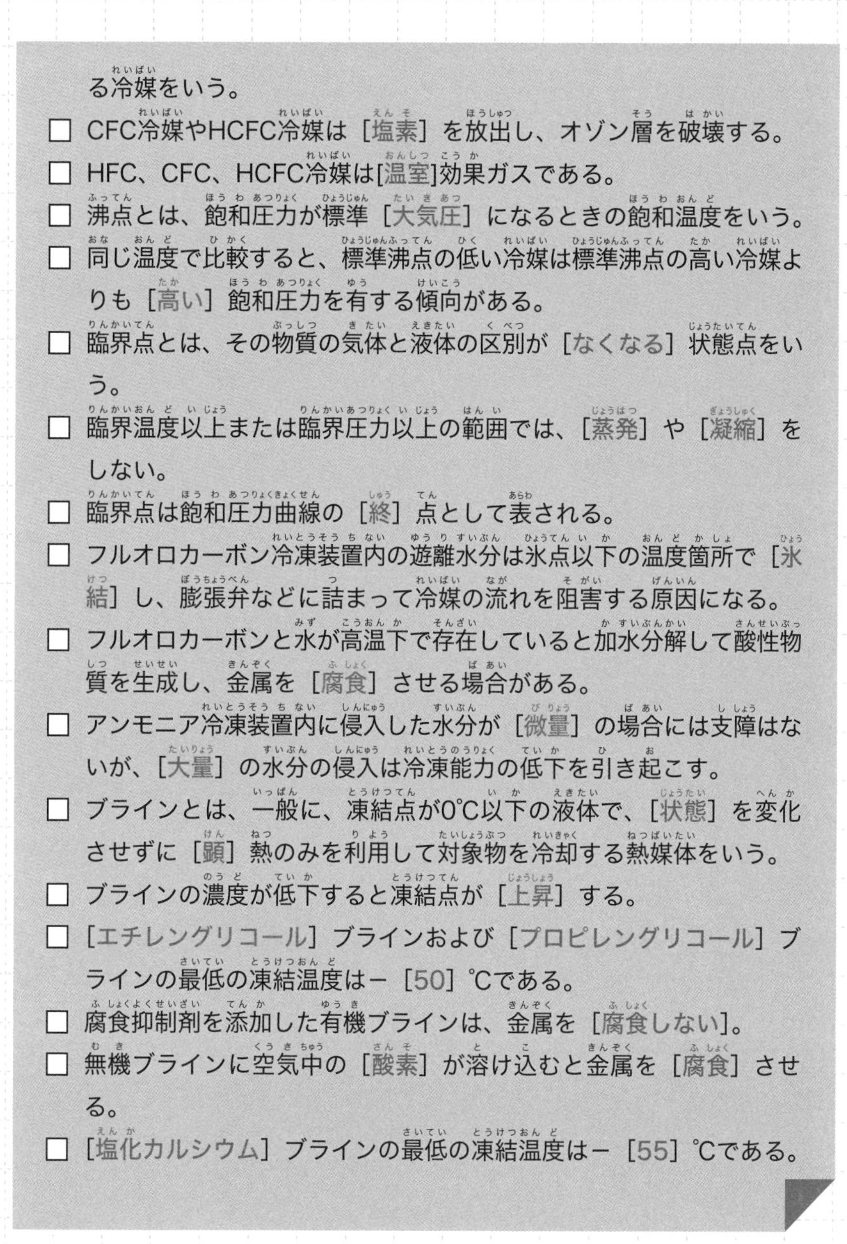

る冷媒をいう。

- □ CFC冷媒やHCFC冷媒は［塩素］を放出し、オゾン層を破壊する。
- □ HFC、CFC、HCFC冷媒は[温室]効果ガスである。
- □ 沸点とは、飽和圧力が標準［大気圧］になるときの飽和温度をいう。
- □ 同じ温度で比較すると、標準沸点の低い冷媒は標準沸点の高い冷媒よりも［高い］飽和圧力を有する傾向がある。
- □ 臨界点とは、その物質の気体と液体の区別が［なくなる］状態点をいう。
- □ 臨界温度以上または臨界圧力以上の範囲では、［蒸発］や［凝縮］をしない。
- □ 臨界点は飽和圧力曲線の［終］点として表される。
- □ フルオロカーボン冷凍装置内の遊離水分は氷点以下の温度箇所で［氷結］し、膨張弁などに詰まって冷媒の流れを阻害する原因になる。
- □ フルオロカーボンと水が高温下で存在していると加水分解して酸性物質を生成し、金属を［腐食］させる場合がある。
- □ アンモニア冷凍装置内に侵入した水分が［微量］の場合には支障はないが、［大量］の水分の侵入は冷凍能力の低下を引き起こす。
- □ ブラインとは、一般に、凍結点が0℃以下の液体で、［状態］を変化させずに［顕］熱のみを利用して対象物を冷却する熱媒体をいう。
- □ ブラインの濃度が低下すると凍結点が［上昇］する。
- □ ［エチレングリコール］ブラインおよび［プロピレングリコール］ブラインの最低の凍結温度は−［50］℃である。
- □ 腐食抑制剤を添加した有機ブラインは、金属を［腐食しない］。
- □ 無機ブラインに空気中の［酸素］が溶け込むと金属を［腐食］させる。
- □ ［塩化カルシウム］ブラインの最低の凍結温度は−［55］℃である。

燃えろ！演習問題

問題

次の文章の正誤を答えよ。

01　顕熱とは状態変化から知ることができる熱量、潜熱とは温度変化から知ることができる熱量である。

02　液体1kgを等温（等圧）のもとで蒸発させるのに必要な熱量を蒸発潜熱という。

03　冷媒が液体から気体に変化することを蒸発または気化、冷媒が気体から液体に変化することを凝縮または液化という。

04　物質は圧力が低くなると凝縮しやすくなり、圧力が高くなると蒸発しやすくなる。

05　蒸発器では、冷媒は周囲に熱エネルギーを放出して蒸発する。凝縮器では、冷媒は冷却水や外気から熱エネルギーを受け入れて凝縮する。

06　膨張弁は、冷媒を狭い通路に通すことによって圧力を上げて蒸発器に送る。冷媒を狭い通路に通すことによって圧力を上げることを絞り膨張という。

07　二段圧縮冷凍サイクルは、熱交換器で低温側の凝縮器を高温側の蒸発器で冷却することにより、圧縮機の効率低下と圧縮機出口の冷媒ガスの過熱を防止している。

08　気体の比体積が大きくなると、ガスの密度［kg／m^3］は小さくなってガスは薄くなる。

09　p−h線図は、縦軸はゲージ圧力pを対数目盛で、横軸は比エンタルピーを等間隔目盛で目盛られている。

10　冷凍装置の冷凍能力＋圧縮機の駆動軸動力＝凝縮器の凝縮負荷という式が成り立つ。

11　冷凍空調装置で取り扱う熱の移動は、主に熱伝導と対流熱伝達である。

12　熱伝導とは、物体内を低温側から高温側に熱が移動する現象である。

13　対流熱伝導とは、固体壁表面とそれに接している流体との間で熱が伝わる現象をいう。

14　対流熱伝達には、ポンプやファンなどによる機械力の対流による強制対流熱伝達と流体の浮力による自然対流熱伝達がある。

15　対流熱伝達による伝熱量＝熱伝達率×伝熱面積×固体壁表面と流体の温度差

という式が成り立つ。

16　熱伝達率の値は、固体壁面の形状、流体の種類、流速などの状態によって変化しない。

17　熱通過率の値は、高温側の対流熱伝達率、低温側の対流熱伝達率、固体壁の熱伝導率と固体壁の厚さが与えられれば算出することができる。

18　圧力比が大きいほど、すなわち蒸発圧力が低いほど、また、凝縮圧力が高いほど、圧縮前後の比エンタルピー差は大きくなり、単位冷媒循環量当たりの理論断熱圧縮動力が小さくなる。

19　圧縮機の駆動動力を小さくするためには、蒸発温度を低くし過ぎないこと、凝縮温度を高くし過ぎないことが必要である。

20　凝縮器出入口の冷却水の温度差は通常10〜20K程度である。

21　成績係数は値が大きいほど、小さい動力で大きな冷凍能力が得られることを示している。

22　凝縮温度、凝縮圧力が高くなると、また、蒸発温度、蒸発圧力が低くなると、成績係数は大きくなる。

23　共沸冷媒は、単一成分冷媒のように一定の圧力のもとで一定の温度で凝縮・蒸発する冷媒をいう。

24　非共沸冷媒は、一定の圧力のもとで凝縮・蒸発するときに、温度が一定とならず凝縮・蒸発の開始時点と終了時点に温度差が生じる冷媒をいう。

25　CFC冷媒やHCFC冷媒は酸素を放出し、オゾン層を破壊する。

26　HFC、CFC、HCFC冷媒は温室効果ガスである。

27　沸点とは、飽和圧力が標準大気圧になるときの飽和温度をいう。

28　同じ温度で比較すると、標準沸点の低い冷媒は標準沸点の高い冷媒よりも低い飽和圧力を有する傾向がある。

29　フルオロカーボン冷凍装置内の水は氷点以下の温度箇所で氷結し、膨張弁などに詰まって冷媒の流れを阻害する原因になる。

30　フルオロカーボンと水が高温下で存在していると加水分解してアルカリ性物質を生成し、金属を腐食させる場合がある。

31　アンモニア冷凍装置内に侵入した水分が微量の場合には支障はないが、大量の水分の侵入は冷凍能力の低下を引き起こす。

32　ブラインの濃度が低下すると凍結点が低下する。

33　エチレングリコールブラインおよびプロピレングリコールブラインの最低の

凍結温度は－50℃である。

34 腐食抑制剤を添加した有機ブラインは、金属を腐食しない。無機ブラインに空気中の酸素が溶け込むと金属を腐食させる。

35 塩化カルシウムブラインの最低の凍結温度は－55℃である。

解答・解説

01 ×：顕熱とは温度変化から知ることができる熱量、潜熱とは状態変化から知ることができる熱量である。

02 ○

03 ○

04 ×：物質は圧力が高くなると凝縮しやすくなり、圧力が低くなると蒸発しやすくなる。

05 ×：蒸発器では、冷媒は周囲から熱エネルギーを受け入れて蒸発する。凝縮器では、冷媒は冷却水や外気に熱エネルギーを放出して凝縮する。

06 ×：膨張弁は、冷媒を狭い通路に通すことによって圧力を下げて蒸発器に送る。冷媒を狭い通路に通すことによって圧力を下げることを絞り膨張という。

07 ○

08 ○

09 ×：p－h線図は、縦軸は絶対圧力pを対数目盛で、横軸は比エンタルピーを等間隔目盛で目盛られている。

10 ○

11 ○

12 ×：熱伝導とは、物体内を高温側から低温側に熱が移動する現象である。

13 ×：対流熱伝達とは、固体壁表面とそれに接している流体との間で熱が伝わる現象をいう。

14 ○

15 ○

16 ×：熱伝達率の値は、固体壁面の形状、流体の種類、流速などの状態によって変化する。

17 ○

18 ×：圧力比が大きいほど、すなわち蒸発圧力が低いほど、また、凝縮圧力が高いほど、圧縮前後の比エンタルピー差は大きくなり、単位冷媒循環量当たりの理論断熱圧縮動力が**大きく**なる。

19 ○

20 ×：凝縮器出入口の冷却水の温度差は通常**4〜6K**程度である。

21 ○

22 ×：凝縮温度、凝縮圧力が高くなると、また、蒸発温度、蒸発圧力が低くなると、成績係数は**小さく**なる。

23 ○

24 ○

25 ×：CFC冷媒やHCFC冷媒は**塩素**を放出し、オゾン層を破壊する。

26 ○

27 ○

28 ×：同じ温度で比較すると、標準沸点の低い冷媒は標準沸点の高い冷媒よりも**高い**飽和圧力を有する傾向がある。

29 ○

30 ×：フルオロカーボンと水が高温下で存在していると加水分解して**酸性物質**を生成し、金属を腐食させる場合がある。

31 ○

32 ×：ブラインの濃度が低下すると凍結点が**上昇**する。

33 ○

34 ○

35 ○

第2章

冷凍装置

No.06　圧縮機
No.07　凝縮器
No.08　蒸発器
No.09　自動制御機器
No.10　付属機器
No.11　冷媒配管
No.12　安全装置

圧縮機、凝縮器、蒸発器、自動制御機器は冷凍機械の根幹を成すもので、保守管理上の重点部分だ。しっかり学習して理解しよう。

アクセスキー　Z
（大文字のセット）

重要度：🔥🔥🔥

No. 06 /31 圧縮機

圧縮方式（容積式と遠心式）、圧縮機の構造（開放圧縮機と密閉圧縮機）、圧縮機の性能（体積効率、機械効率、断熱効率、成績係数）、圧縮機の容量制御、圧縮機の保守（液戻り、オイルフォーミング）などについて学習しよう。

Step1 図解 目に焼き付けろ！

圧縮機の分類（圧縮方式）

- 圧縮機
  - 容積式
    - 往復式
    - ロータリー式
    - スクロール式
    - スクリュー式
  - 遠心式

圧縮機の容量制御

多気筒往復圧縮機	スクリュー圧縮機	インバータ
・吸込み弁を開放して作動気筒数を減らす ・段階的制御	・スライド弁により圧縮行程の長さを調節する ・無段階制御	・電源周波数を変えて圧縮機の回転速度を調節する ・無段階に近い制御が可能

圧縮機の分類（構造）

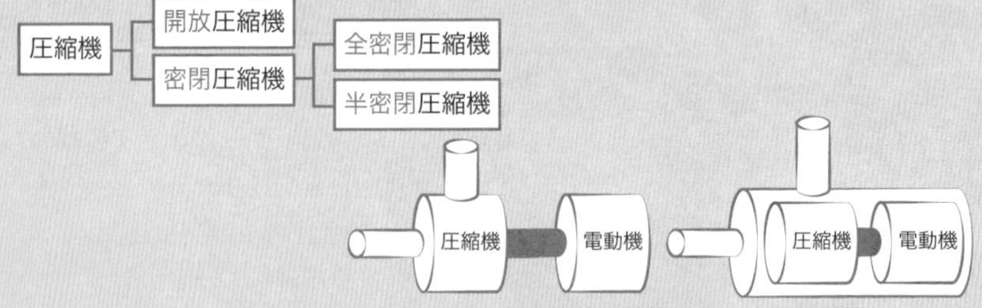

左：開放圧縮機　右：密閉圧縮機

圧縮機は、冷媒蒸気を圧縮する圧縮機と、圧縮機を駆動させる電動機で構成されている。まずはこの基本構造を押さえておこう。

Step2 解説 爆裂に読み込め！

➔ 圧縮方式

圧縮機は冷媒蒸気の圧縮方式により、**容積式**と**遠心式**に大別される。容積式には、**往復式**、ロータリー式、スクロール式、**スクリュー**式などがある。容積式の往復式は、気筒（シリンダ）という密閉された空間の容積を押し棒（ピストン）で縮小することにより冷媒蒸気を圧縮する方式である。一方、遠心式は回転する羽根車により冷媒蒸気に遠心力を加えて圧縮する方式である。

まず、気筒（シリンダ）と呼ばれる筒の中を押し棒（ピストン）が往復運動することにより冷媒蒸気が圧縮される往復圧縮機の基本動作を理解しておこう！

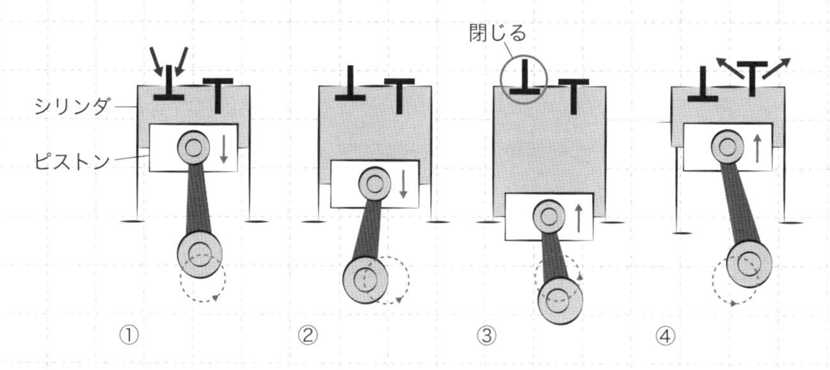

図6-1：往復圧縮機の動作

①吸込み弁を開放し、冷媒蒸気を吸入する。
②さらに冷媒蒸気を吸入する。
③吸込み弁が閉止し、冷媒蒸気を圧縮する。
④吐出し弁が開放され、高温高圧の冷媒蒸気が吐き出される。

圧縮機の構造

圧縮機の駆動には主として電動機が用いられている。電動機と圧縮機の回転軸（シャフト）を直結あるいはベルト掛けにすることにより、電動機の動力を圧縮機に伝えている。圧縮機は構造から**開放圧縮機**と**密閉圧縮機**に分類され、密閉圧縮機はさらに**全密閉圧縮機**と**半密閉圧縮機**に分類される。

◆開放圧縮機

電動機が圧縮機のケーシング（外箱）の外にあり、電動機から圧縮機へ動力を伝達する回転軸（シャフト）がケーシングを**貫通**している。したがってシャフトがケーシングを**貫通**している部分に冷媒の**漏えい**防止用の**シャフトシール**（軸封装置）が必要である。

◆密閉圧縮機

電動機が圧縮機のケーシングの中にあり、電動機から圧縮機へ動力を伝達するシャフトがケーシングを**貫通**していないので、冷媒の**漏えい**防止用のシャフトシールは**不要**である。

電動機と圧縮機の収められたケーシングを**溶接**密封したものを**全密閉圧縮機**という。電動機と圧縮機の収められたケーシングを、**ボルト**を外すことにより分解して内部の点検、修理可能なものを**半密閉圧縮機**という。

シャフトの貫通部は、シャフトは回転できるけど冷媒は漏れないようにする必要がある。それを実現するのがシャフトシールだ。そしてシャフトシールが必要なのはシャフトの貫通部がある開放圧縮機だけだ。

圧縮機の性能

◆ピストン押しのけ量

１秒間当たりにピストンが押しのける体積［m^3/s］で、**全ピストン行程容積**と**回転速度**によって定まる。なお、ピストンが最下点から最上点まで動く行程（ストローク）で排出される容積を行程容積といい、行程容積にシリンダ数を乗じたものを全ピストン行程容積という。

◆体積効率

実際に圧縮機が吸い込む冷媒蒸気の量は、ピストン押しのけ量よりも小さくなる。ピストン押しのけ量に対する圧縮機の実際の吸込み蒸気量を体積効率といい、次式で表される。

$$体積効率 = \frac{圧縮機の実際の吸込み蒸気量}{ピストン押しのけ量} < 1$$

体積効率の値は、運転条件や圧縮機の構造により変化し、圧力比が大きくなると小さくなる。すなわち圧縮機の吸込み圧力に対する吐出し圧力が大きくなると体積効率が小さくなる。これはよく問われるので覚えておこう！

◆すき間容積比

シリンダ内のピストンが最上点にきたときにシリンダ上部にできるすき間の容積をすき間容積（クリアランスボリューム）という。すき間容積比とは、シリンダ容積に対するすき間容積の比をいう。すき間容積比が大きくなると体積効率は小さくなる。

すき間容積が大きくなると様々な要因で体積効率が低下するが、単純に、シリンダ内にピストンによって吐き出されない無駄なすき間があれば体積効率が低下すると理解しておこう！

◆冷媒循環量

冷媒循環量をピストン押しのけ量、圧縮機の吸込み蒸気の比体積、体積効率を用いて次式で表すことができる。

$$冷媒循環量 = \frac{ピストン押しのけ量 \times 体積効率}{圧縮機の吸込み蒸気の比体積}$$

第2章 冷凍装置

冷媒循環量は比体積が大きくなるほど減少する。また比体積は、吸込み圧力が低いほど、吸込み蒸気の過熱度が大きいほど大きくなる。したがって、冷媒循環量は、吸込み圧力が低いほど、吸込み蒸気の過熱度が大きいほど小さくなる。なお、過熱度とは冷媒蒸気の飽和蒸気（要するに沸点）との温度差をいい、過熱度が大きいほど温度が高い。

要するに「圧力が低いほど、温度が高いほど、冷媒蒸気の比体積が大きくなる。」これは「一定量の気体の体積は 圧力に反比例し、絶対温度に比例する。」というボイル・シャルルの法則で説明がつくぞ。

◆圧縮機の冷凍能力

圧縮機の冷凍能力とは、圧縮機の冷媒循環量と蒸発器の出入り口の比エンタルピー差から求められる冷凍能力で、次式で表される。

圧縮機の冷凍能力
＝ 圧縮機の冷媒循環量 × 蒸発器の出入り口の比エンタルピー差

◆圧縮機の動力と効率

圧縮機の動力には、実際の圧縮機の駆動に必要な動力、蒸気の圧縮に必要な圧縮動力、理論断熱圧縮動力があり、圧縮機の効率には機械効率、断熱効率、全断熱効率があり、関係は次の図で模式することができる。

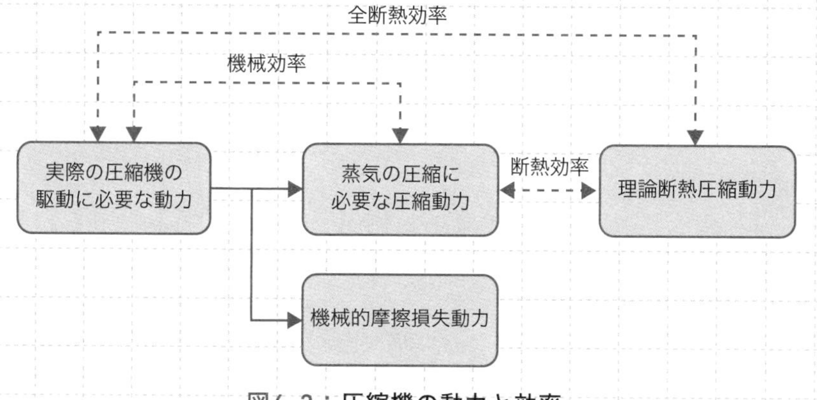

図6-2：圧縮機の動力と効率

◆実際の圧縮機の駆動に必要な動力

実際の圧縮機の**駆動**に必要な動力は、蒸気の**圧縮**に必要な圧縮動力と機械的摩擦**損失**動力の和であり、次式で表される。

実際の圧縮機の**駆動**に必要な動力
＝ 蒸気の**圧縮**に必要な圧縮動力 ＋ 機械的摩擦**損失**動力

つまり、駆動に必要な動力は、圧縮に必要な動力に損失を足したものね！

◆機械効率

機械効率は、実際の圧縮機の**駆動**に必要な動力に対する蒸気の**圧縮**に必要な圧縮動力の比であり、次式で表される。

$$機械効率 = \frac{蒸気の圧縮に必要な圧縮動力}{実際の圧縮機の駆動に必要な動力}$$

機械効率は、圧力比が大きくなると若干小さくなる。

要するに機械効率とは、駆動に必要な動力に対する圧縮に必要な動力の比だ。「くどうあつこの機械効率」と覚えよう。

◆断熱効率

断熱効率は、蒸気の圧縮に必要な圧縮動力に対する理論断熱圧縮動力の比であり、次式で表される。

$$断熱効率 = \frac{理論断熱圧縮動力}{蒸気の圧縮に必要な圧縮動力}$$

断熱効率は、圧力比が大きくなると小さくなる。

要するに断熱効率とは、圧縮に必要な動力に対する理論上必要な動力の比だ。「あつこの理論の断熱効率」と覚えよう。
機械効率も断熱効率も圧力比が大きくなると小さくなる。

◆全断熱効率

全断熱効率は、実際の圧縮機の駆動に必要な動力に対する理論断熱圧縮動力の比であり、次式で表される。

$$全断熱効率 = \frac{理論断熱圧縮動力}{実際の圧縮機の駆動に必要な動力}$$

また全断熱効率は、機械効率と断熱効率の積であり、次式で表される。

$$全断熱効率 = 機械効率 \times 断熱効率$$

全断熱効率は、圧力比が大きくなると、機械効率も断熱効率も小さくなるので、小さくなる。

そして、実際の圧縮機の駆動に必要な動力は次式で表される。

$$実際の圧縮機の駆動に必要な動力 = \frac{理論断熱圧縮動力}{機械効率 \times 断熱効率}$$

全断熱効率が低下すると圧縮機の損失が増大する。圧縮機の損失は熱として冷媒に伝達するので、全断熱効率が低下すると圧縮機吐出しガスの比エンタルピーが増加する。このことも出題されているので覚えておこう。

◆冷凍装置の実際の成績係数

冷凍装置の実際の成績係数は、理論冷凍サイクルの成績係数と全断熱効率を用いて次式で表される。

冷凍装置の実際の成績係数 ＝ 理論冷凍サイクルの成績係数 × 全断熱効率

冷凍装置の実際の成績係数は、理論冷凍サイクルの成績係数よりも小さくなる。

また冷凍装置の実際の成績係数は、機械効率、断熱効率を用いて、次式で表される。

$$\text{冷凍装置の実際の成績係数} = \frac{\text{蒸発器出入り口の比エンタルピー差}}{\text{圧縮前後の冷媒の比エンタルピー差}} \times \text{機械効率} \times \text{断熱効率}$$

冷凍装置の実際の成績係数は、圧縮前後の冷媒の比エンタルピー差、機械効率、断熱効率の大きさの影響を受けるぞ。

◆ヒートポンプ装置の実際の成績係数

ヒートポンプ装置とは凝縮器の放熱を暖房や給湯に用いる装置である。ヒートポンプ装置の実際の成績係数は、次式で表される。

$$\text{ヒートポンプ装置の実際の成績係数} = \frac{\text{凝縮器の凝縮負荷}}{\text{実際の圧縮機の駆動に必要な動力}}$$

また圧縮機の機械的摩擦損失動力が熱となって冷媒に加えられる場合は、次式が成り立つ。

凝縮器の凝縮負荷 ＝ 冷凍装置の冷凍能力 ＋ 実際の圧縮機の駆動に必要な動力

したがって、ヒートポンプ装置の実際の成績係数は、次式で表される。

$$\text{ヒートポンプ装置の実際の成績係数}$$

$$= \frac{\text{冷凍装置の冷凍能力} + \text{実際の圧縮機の駆動に必要な動力}}{\text{実際の圧縮機の駆動に必要な動力}}$$

$$= \frac{\text{冷凍装置の冷凍能力}}{\text{実際の圧縮機の駆動に必要な動力}} + 1$$

$$= \text{実際の冷凍装置の成績係数} + 1$$

圧縮機の機械的摩擦損失動力が熱となって冷媒に加えられる場合、ヒートポンプ装置の実際の成績係数は、実際の冷凍装置の成績係数よりも1だけ大きな値になる。

要するに、圧縮機の損失が熱となって冷媒に加えられる場合、ヒートポンプ装置の成績係数は、冷凍装置の成績係数よりも1だけ大きな値になる。
また、圧縮機の損失が熱となって冷媒に加えられない場合には、ヒートポンプ装置の成績係数は、冷凍装置の成績係数よりも機械効率の分だけ大きくなる。これについても覚えておこう。

◆成績係数と運転条件

蒸発温度と凝縮温度との温度差が大きくなると、蒸発圧力と凝縮圧力の圧力差も大きくなり圧力比が大きくなるので、機械効率と断熱効率が小さくなり、冷凍装置の成績係数は低下する。

圧縮機の容量制御

◆往復圧縮機の容量制御装置

冷凍負荷が減少した場合に圧縮機の容量を調節できるようにした装置を容量制御装置（アンローダ）という。気筒（シリンダ）が複数ある多気筒の往復圧縮機には、シリンダの**吸込み**弁を**開放**状態にして圧縮できないようにして作動気筒を減らすことにより**段階**的に容量を制御する装置が用いられている。また圧縮機を運転し**始める始動**時における**負荷軽減**装置としても使用されている。

アンローダとは、ロード（負荷）をかけないものという意味ね。

◆スクリュー圧縮機の容量制御装置

スクリュー圧縮機の容量制御装置は、往復圧縮機とは異なり**スライド**弁により圧縮行程の長さを調節することにより容量を制御している。**スライド**弁を調整範囲内の任意の位置に**スライド**させることで、**無段階**に調節できる。

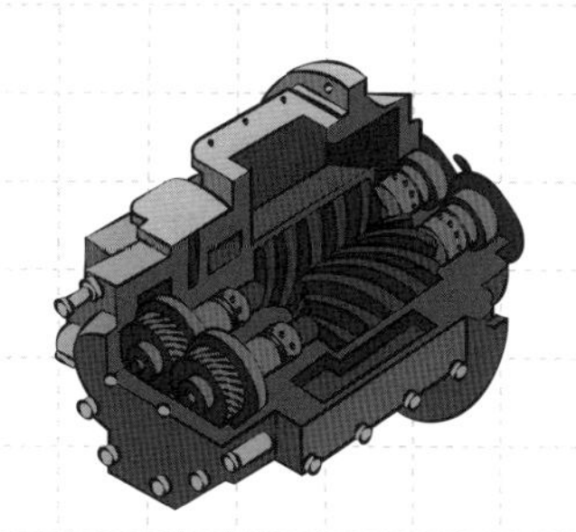

図6-3：スクリュー圧縮機

スクリュー圧縮機とは、2つのスクリュー（ねじ）のかみ合わせを利用して冷媒蒸気を圧縮する方式の圧縮機のことだ。
図説問題は出題されないので、図を理解する必要はない。興味のある人は自分で調べて確認しよう。

◆インバータによる容量制御

冷凍能力は、圧縮機の回転速度を変化させることにより制御することができる。インバータを用いると電源の周波数を変えることができる。電源の周波数を変化させると電動機の回転速度が変化し、圧縮機の回転速度を制御することができる。インバータによる容量制御は無段階に近い調節を行うことが可能である。

一方、圧縮機の電動機の動力により駆動している油ポンプを使用している場合、インバータにより回転速度をあまり低速にすると適正な給油圧力が得られずに圧縮機の潤滑不良となるので注意が必要である。

インバータとは電源の周波数を変化させることができる電気機器のことだ。電動機の回転速度は電源の周波数に比例するので、電源の周波数を変化させると電動機の回転速度を変化させることができるのだ。

➔ 圧縮機の保守

◆頻繁な始動、停止の防止

圧縮機の頻繁な始動と停止を繰り返すと、電動機に大きな始動電流が流れ、電動機の巻き線の温度が異常に上昇して焼損するおそれがある。したがって、圧縮機の頻繁な始動と停止は避ける必要がある。

◆吸込み弁と吐出し弁のガス漏れ

往復圧縮機の吸込み弁、吐出し弁が変形、破損するとガス漏れが生じる。

吸込み弁がガス漏れすると圧縮機の体積効率が低下し、冷凍装置の冷凍能力が低下する。

吐出し弁がガス漏れしたときの概要は次のとおりである。

①シリンダから吐き出された高温高圧の冷媒蒸気が、ガス漏れしている吐出し弁から再びシリンダ内に吸い込まれる。
②シリンダ内の冷媒蒸気の過熱度が高くなる。

③吐出し蒸気温度が高くなり、冷凍機油を**劣化**させる。
④吐出し蒸気温度が高くなり、圧縮機の体積効率が**低下**し冷凍能力も**低下**する。

シリンダの弁がきちんと閉まってないと、きちんと圧縮できないわけだから、効率が低下し能力も低下するってことですね。

◆ピストンリング

往復圧縮機のピストンには、上部に圧縮のための**コンプレッションリング**、下部に潤滑のための**オイルリング**（**油かきリング**）が装着されている。コンプレッションリングが著しく摩耗するとガスが漏れ、体積効率と冷凍能力が**低下**する。

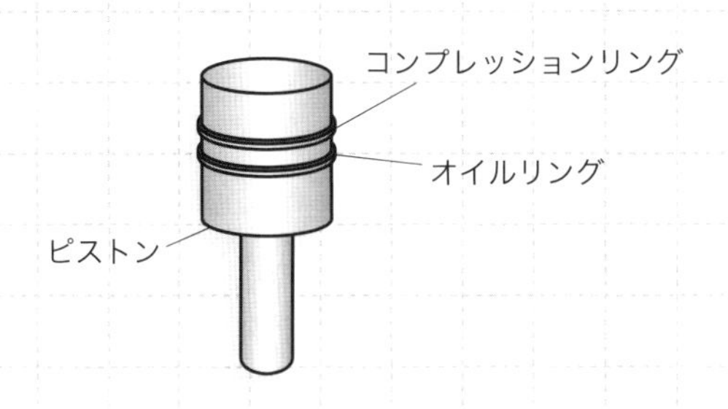

図6-4：ピストンリング

コンプレッションリングはガスが漏れないようにする輪っか、オイルリングはシリンダ内面に油膜を形成させるための輪っかだ。

◆液戻りの防止

蒸発器で蒸発しきれなかった冷媒が、液体のまま圧縮機の吸込み口まで戻ってくる異常現象を**液戻り**という。フルオロカーボン冷凍装置において**液戻り**が著しくなると、冷凍機油に冷媒が多量に溶け込んで冷凍機油の粘度が**低下**する。冷凍機油の粘度が**低下**すると、オイルリングでかき上げることが困難になるなどして圧縮機の潤滑不良の原因となる。

「粘度が低下する」とは、サラサラになってしまうことをいう。シリンダとピストンの摺動部分までオイルをかき上げて潤滑させるためには、冷凍機油が多少ねっとりしている必要があるぞ。

◆オイルフォーミング

フルオロカーボン冷凍装置の圧縮機では、圧縮機停止中の油温が**低い**ときに冷凍機油に冷媒が溶け込みやすくなる。冷凍機油に冷媒が溶け込んだ状態で圧縮機を始動すると冷凍機油中の冷媒が**気化**し、冷凍機油が沸騰したように激しく**泡立つ**。この現象をオイルフォーミングという。オイルフォーミングが発生すると圧縮機から冷凍機油が吐き出される**油上がり**が多くなり、給油圧力の**低下**、潤滑不良などの原因となる。また、オイルフォーミングは**液戻り**した場合にも発生する。

冷凍機油に冷媒が溶け込みやすいのは油温が低いときだ。よく問われるので間違えないようにしよう。逆に油温が高い場合、冷媒は気化して溶けにくいんだ。

Step 3 暗記 何度も読み返せ！

☐ $$\text{体積効率}=\frac{\text{圧縮機の実際の吸込み蒸気量}}{\text{ピストン押しのけ量}}<1$$

☐ $$\text{冷媒循環量}=\frac{\text{ピストン押しのけ量}\times\text{体積効率}}{\text{圧縮機の吸込み蒸気の比体積}}$$

☐ 圧縮機の冷凍能力
＝圧縮機の冷媒循環量×蒸発器の出入り口の比エンタルピー差

☐ 実際の圧縮機の駆動に必要な動力
＝蒸気の圧縮に必要な圧縮動力＋機械的摩擦損失動力

☐ $$\text{機械効率}=\frac{\text{蒸気の圧縮に必要な圧縮動力}}{\text{実際の圧縮機の駆動に必要な動力}}$$

☐ $$\text{断熱効率}=\frac{\text{理論断熱圧縮動力}}{\text{蒸気の圧縮に必要な圧縮動力}}$$

☐ $$\text{全断熱効率}=\frac{\text{理論断熱圧縮動力}}{\text{実際の圧縮機の駆動に必要な動力}}$$

☐ 全断熱効率＝機械効率×断熱効率

☐ $$\text{実際の圧縮機の駆動に必要な動力}=\frac{\text{理論断熱圧縮動力}}{\text{機械効率}\times\text{断熱効率}}$$

☐ 冷凍装置の実際の成績係数
$$=\frac{\text{蒸発器出入り口の比エンタルピー差}}{\text{圧縮前後の冷媒の比エンタルピー差}}\times\text{機械効率}\times\text{断熱効率}$$

☐ $$\text{ヒートポンプ装置の実際の成績係数}=\frac{\text{凝縮器の凝縮負荷}}{\text{実際の圧縮機の駆動に必要な動力}}$$

☐ ヒートポンプ装置の実際の成績係数＝実際の冷凍装置の成績係数＋1

重要度：🔥🔥🔥

No. 07 /31

凝縮器

凝縮負荷、水冷凝縮器、水冷凝縮器の伝熱（熱通過率、水あか、ローフィンチューブ、不凝縮ガス、過充てん）、冷却塔、空冷凝縮器、蒸発式凝縮器などについて学習しよう。

Step1 図解 目に焼き付けろ！

凝縮器の基本構成

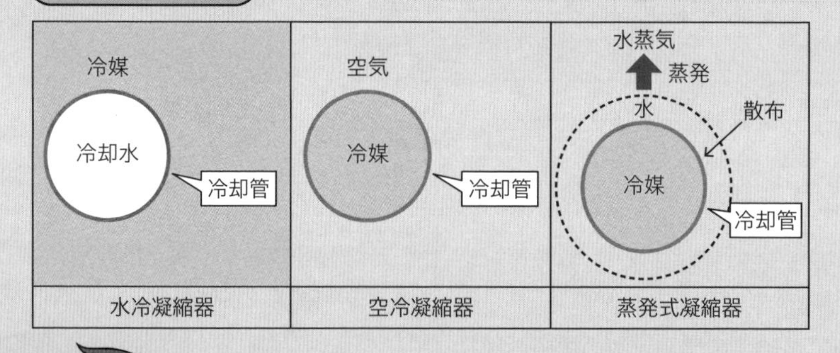

水冷凝縮器は管内が冷却水、管外が冷媒。空冷凝縮器は管内が冷媒、管外が空気だ。

Step2 解説 爆裂に読み込め！

凝縮負荷

◆理論凝縮負荷

理論上、凝縮器が冷媒を凝縮させるために放熱する熱負荷を理論凝縮負荷といい、次式で表される。

理論凝縮負荷 ＝ 冷凍能力 ＋ 理論断熱圧縮動力

前にも説明したが、冷媒が蒸発器で周囲から奪い取った熱と、圧縮機で冷媒に加えられたエネルギーを足したものが、凝縮器で放熱されているんだ。

◆凝縮負荷と蒸発温度・凝縮温度との関係

①凝縮負荷と蒸発温度

凝縮負荷と蒸発温度の関係は次のとおりである。

蒸発温度低下⇒蒸発圧力低下⇒圧力比増加⇒圧縮動力増加⇒凝縮負荷増加

②凝縮負荷と凝縮温度

凝縮負荷と凝縮温度の関係は次のとおりである。

凝縮温度上昇⇒凝縮圧力上昇⇒圧力比増加⇒圧縮動力増加⇒凝縮負荷増加

これは、蒸発温度が低下、凝縮温度が上昇すると圧縮機の吸込みと吐出しの圧力差である圧力比が増加して、圧縮動力が増加する。圧縮動力が増加すると、その分を放熱する凝縮負荷が増加するってことね！

水冷凝縮器

冷却水を用いて冷媒を放熱させる凝縮器を水冷凝縮器という。水冷凝縮器には、シェルアンドチューブ凝縮器、二重管凝縮器、立形凝縮器などがある。

◆シェルアンドチューブ凝縮器

シェルアンドチューブ凝縮器は、円筒胴（シェル）と呼ばれる円筒形の容器の内部に多数の冷却管（チューブ）を配置した構造の凝縮器である。**冷媒**は円筒胴内の冷却管外を流れ、**冷却水**は冷却管内を流れることで、冷却水により冷媒を冷却して冷媒を凝縮させている。

またシェルアンドチューブ凝縮器の伝熱面積は、冷媒が接する円筒胴内の冷却管全体の**外**表面積の合計で表される。

シェル（shell）とは、「殻」という意味ですね。

◆二重管凝縮器・立形凝縮器

①二重管凝縮器

二重管凝縮器とは、管の中に管が入っている二重構造の管で構成される凝縮器である。内側の管（内管）に**冷却水**を通し、内管と外側の管（外管）との間に**冷媒**を通して、冷却水により冷媒を冷却して冷媒を凝縮させている。

②立形凝縮器

前述したシェルアンドチューブ凝縮器が円筒胴と冷却管を横に寝かせた構造をしているのに対し、立形凝縮器は円筒胴と冷却管を立てた構造の凝縮器をいう。立形凝縮器は、冷媒、冷却水を**重力**で上から下に落下させて流す仕組みになっている。

二重管凝縮器もシェルアンドチューブ凝縮器同様に、「内側が冷却水、外側が冷媒」だ。水は内、冷媒は外だ。

水冷凝縮器の伝熱

◆熱通過率

水冷凝縮器の凝縮負荷は熱通過率を用いて次式で表される。

凝縮負荷 ＝ 熱通過率 × 伝熱面積 × 冷却水の算術平均温度差

◆冷却管の水あかの影響

冷却水中の不純物が水あかとして冷却管に付着すると冷凍装置に次のような影響が発生する。

水あか付着 ⇒ 熱伝導率減少 ⇒ 熱通過率減少 ⇒ 冷却性能低下 ⇒ 凝縮温度上昇 ⇒ 圧縮動力増加

水あかの熱伝導抵抗は**汚れ係数**で表される。汚れ係数は値が大きいほど熱通過率が**低い**ことを意味している。

水あかの主成分は、冷却水中に含まれる不純物であるカルシウムだ。水あかは冷却管の材質である銅などの金属に比べて熱を通しにくく、熱伝導率が小さく熱伝導抵抗が大きい。

◆冷却管

シェルアンドチューブ凝縮器の冷却管は、アンモニア冷媒用には**鋼**製の**平滑管**（裸管）が使用される。フルオロカーボン冷媒用には管**外**面にねじ状の溝のある**ローフィンチューブ**が使用される。

フルオロカーボン冷媒と冷却管の間の熱伝達率は、水側の熱伝達率より**小さい**。そのため**冷媒**側の冷却管の**外**表面に溝をつけて表面積を大きくして熱が伝わりやすくした**銅**製の**ローフィンチューブ**が使用される。

アンモニア冷媒はフルオロカーボン冷媒よりも冷却管との熱伝達率が**大きい**ので、溝のついていない**平滑管**（裸管）が使用される。

ローフィンチューブ（low fin tube）とは、「高さの低いフィン（ひれ）がついた管」という意味だ。フィンの高さが素管の外径を超えないものをローフィンチューブという。

◆不凝縮ガスの影響

不凝縮ガスとは、冷凍装置内で液化せずに存在している気体で、主に空気である。凝縮器に不凝縮ガスが混入すると冷媒側の熱伝達率が小さくなり、凝縮圧力が上昇する。不凝縮ガスは受液器や受液器兼用シェルアンドチューブ凝縮器の器内上部にたまりやすい。

受液器とは、凝縮した冷媒液を受けてためる容器をいう。空気である不凝縮ガスは冷媒蒸気よりも比重が小さいので、凝縮器内部の上部にたまりやすいんだ。

◆冷媒の過充てんの影響

冷凍装置内に必要以上の量の冷媒を充てんすることを過充てんという。冷凍装置に冷媒を過充てんした場合の影響は次のとおりである。

過充てん ⇒ 冷媒液が凝縮器にたまる ⇒ 冷却管が冷媒液に浸る ⇒
伝熱面積減少 ⇒ 凝縮温度上昇 ⇒ 凝縮圧力上昇 ⇒ 冷媒液の過冷却度増大

過冷却度とは、ある圧力における飽和温度と冷媒液の温度の温度差をいう。

過冷却度 ＝ 飽和温度 － 冷媒液の温度

凝縮圧力が上昇すると飽和温度（要は沸点）が上昇するので、飽和温度と冷媒液の温度の温度差である過冷却度が上昇するんだ。

冷却塔

冷却塔とは、冷媒を冷却して温度が上昇した冷却水の熱を大気に放出する装置をいう。冷却塔は、開放形冷却塔と密閉形冷却塔に大別される。

開放形冷却塔とは、冷却水を散水管から冷却塔内に散水して冷却水の一部を**蒸発**させて、その**潜熱**により冷却水自身が冷却される冷却塔をいう。開放形冷却塔は冷却水の一部が**蒸発**するので冷却水を**補給**する必要がある。一方、密閉形冷却塔とは、冷却水が装置内の冷却管に密閉されており、冷却管の外部に散布水を散布することにより、冷却管内部の冷却水を冷却する冷却塔をいう。

冷却塔の性能を示すものにアプローチとレンジがあり、それぞれ次のとおりである。

①アプローチ

アプローチ ＝ 冷却水の冷却塔**出口**水温 － 周囲空気の**湿球**温度

②クーリングレンジ

クーリングレンジ ＝ 冷却水の冷却塔**入口**水温 － 冷却水の冷却塔**出口**水温

湿球温度とは温度計の感熱部をガーゼで湿らせて計測した気温をいう。湿球温度は気温と湿度に左右され、冷却塔で冷却できる温度は周囲空気の湿球温度に左右される。アプローチとは、冷却水の冷却塔**出口**水温が周囲空気の**湿球**温度にどれだけ近づいたか（アプローチしたか）という意味の指標だ。

空冷凝縮器

空冷凝縮器とは、冷媒を凝縮させるため空気の**顕熱**を用いて冷却する凝縮器である。一般に空冷凝縮器は、水冷凝縮器より熱通過率が**小さい**ので、冷媒の凝縮温度が**高く**なる。

液体である水への伝熱よりも気体である空気への伝熱のほうが、熱が伝わりにくい。100℃のサウナには入っていられるが、100℃の風呂には入っていられないのは、この性質のためだ。したがって空冷凝縮器は、水冷凝縮器より熱通過率が小さい。

◆空冷凝縮器の冷却管

空冷凝縮器は**冷媒**が冷却管内を流れ、**空気**が冷却管外を流れる。冷媒と冷却管の熱伝達率に比べて空気と冷却管の熱伝達率は**小さい**。そのため**空気**が流れる冷却管の**外面**にフィンをつけて表面積を大きくして伝熱面積を大きくしている。

空冷凝縮器の冷却管は「内側が冷媒で外側が空気」、フィンがついているのは外側だ。

◆風速

空冷凝縮器はファン（送風機）により空気を送り込んで冷媒を冷却している。

空冷凝縮器に入る空気の流速を**前面風速**という。**前面**風速が大き過ぎるとファンの動力や騒音が**大きく**なり、逆に**前面**風速が小さ過ぎると伝熱性能が**低下**し、凝縮温度が**上昇**する。

➔ 蒸発式凝縮器

蒸発式凝縮器とは、内部に冷媒が流れる冷却管の外面に水を散布して蒸発させて、その**潜熱**を利用して冷媒を冷却する凝縮器である。蒸発式凝縮器は、水冷凝縮器と比較して凝縮温度を**低く**保つことができるので、主として**アンモニア**冷凍装置に用いられている。

アンモニア冷凍装置はフルオロカーボン冷媒装置に比べて、圧縮機出口の冷媒蒸気の温度が高くなる。そのためアンモニア冷凍装置には、凝縮温度を低く保つことができる蒸発式凝縮器が使用されるんだ。

Step3 暗記 何度も読み返せ！

- □ 理論凝縮負荷 ＝［冷凍］能力 ＋ 理論断熱［圧縮］動力
- □ 凝縮負荷と蒸発温度の関係
  蒸発温度低下 ⇒ 蒸発圧力［低下］⇒ 圧力比［増加］⇒ 圧縮動力［増加］⇒ 凝縮負荷［増加］
- □ 凝縮負荷と凝縮温度の関係
  凝縮温度上昇 ⇒ 凝縮圧力［上昇］⇒ 圧力比［増加］⇒ 圧縮動力［増加］⇒ 凝縮負荷［増加］
- □ 凝縮負荷 ＝［熱通過］率 ×［伝熱］面積 × 冷却水の算術平均温度差
- □ 冷却管の水あかの影響
  水あか付着 ⇒ 熱伝導率［減少］⇒ 熱通過率［減少］⇒ 冷却性能［低下］⇒ 凝縮温度［上昇］⇒ 圧縮動力［増加］
- □ 過充てんの影響
  過充てん ⇒ 冷媒液が凝縮器に［たまる］⇒ 冷却管が冷媒液に［浸る］⇒ 伝熱面積［減少］⇒ 凝縮温度［上昇］⇒ 凝縮圧力［上昇］⇒ 冷媒液の過冷却度［増大］
- □ アプローチ ＝ 冷却水の冷却塔［出口］水温 － 周囲空気の［湿球］温度
- □ クーリングレンジ＝冷却水の冷却塔［入口］水温－冷却水の冷却塔［出口］水温

重要度：🔥🔥🔥

No.
08 蒸発器
/31

乾式蒸発器、満液式蒸発器、蒸発器の伝熱（冷凍能力、平均温度差）、ディストリビュータ、除霜（散水方式、ホットガス方式、オフサイクルデフロスト方式）水冷却器、ブライン冷却器の凍結防止などについて学習しよう。

Step1 図解 目に焼き付けろ！

蒸発器の分類

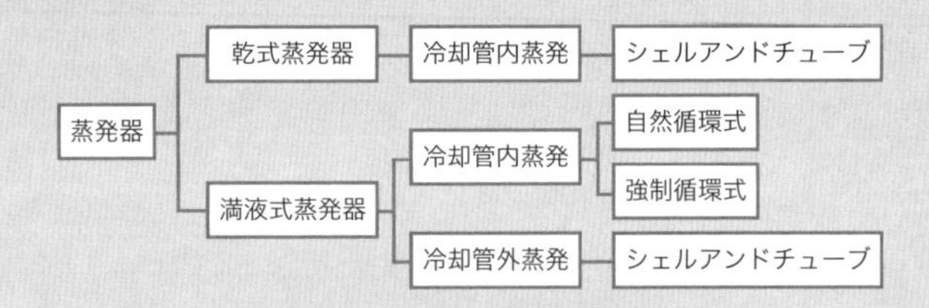

冷却管内蒸発と冷却管外蒸発

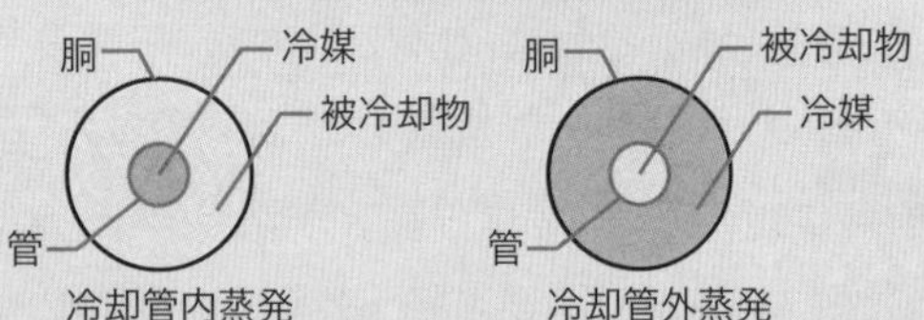

乾式蒸発器のシェルアンドチューブは冷却管内蒸発、満液式蒸発器のシェルアンドチューブは冷却管外蒸発だ。

Step2 解説 爆裂に読み込め！

蒸発器の分類

蒸発器は乾式蒸発器と満液式蒸発器に大別され、満液式蒸発器には自然循環式と強制循環式蒸発器がある。

蒸発器の伝熱

◆冷凍能力

蒸発器における冷凍能力は次式で表される。

冷凍能力 ＝ 熱通過率 × 伝熱面積 × 被冷却物と冷媒との平均温度差

◆平均温度差

蒸発器における被冷却物と冷媒との平均温度差は、冷蔵用の空気冷却器では通常5～10K程度、空調用では除湿する必要があるので15～20K程度である。蒸発器における被冷却物と冷媒との平均温度差が大き過ぎると、蒸発温度を低くする必要があるので、圧縮機の冷凍能力と装置の成績係数が低下する。

Kとは絶対温度の単位（ケルビン）だ。温度差の場合はKも℃も同じなので、5～10Kとは要するに5～10℃ということだ。

乾式蒸発器

◆乾式蒸発器の構造

乾式蒸発器とは、冷媒液と冷媒蒸気が混相した状態で蒸発器に入り、やや飽和温度よりも高く過熱された冷媒蒸気として出ていく蒸発器である。

シェルアンドチューブの乾式蒸発器は、冷却管内に冷媒、冷却管外に水やブラインなどの被冷却物を流している。水・ブライン側の熱伝達率を向上させるために、冷却管外を水・ブラインが迂回して流れるようにバッフルプレート（邪魔板）が設置されている。

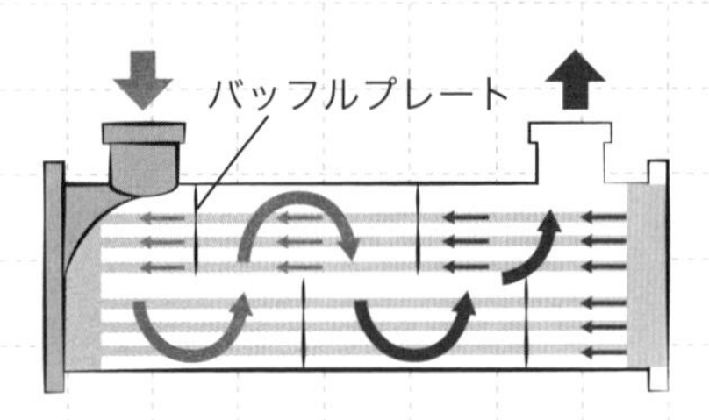

図8-1：バッフルプレート

◆ディストリビュータ

ディストリビュータ（分配器）とは、大容量の乾式蒸発器は多数の冷却管を有しているので、それぞれの冷却管の流量を均等に分配するために、蒸発器の冷媒の入口側に設置される装置である。またディストリビュータを通過する冷媒はディストリビュータの抵抗のため圧力が降下するので、膨張弁の選定に考慮が必要である。

図8-2：大容量の乾式蒸発器の冷媒フロー

ディストリビュート（distribute）とは「分配する」という意味だ。ディストリビュータは乾式蒸発器に使用される装置だ。

➔ 満液式蒸発器

満液式蒸発器とは容器内に冷媒液が満たされている蒸発器をいう。満液式蒸発器は、冷媒が冷却管外で蒸発する冷却管外蒸発器と冷媒が冷却管内で蒸発する冷却管内蒸発器に大別される。冷却管内蒸発器は、さらに冷媒液を冷媒液ポンプで強制循環させる強制循環式と冷媒液ポンプを使用せずに自然循環させる自然循環式がある。

◆満液式冷却管外蒸発器

満液式蒸発器の冷却管外蒸発器には**シェルアンドチューブ**が用いられる。蒸発器に入る冷媒は冷媒液と冷媒蒸気の混相状態であるが、大きな容積の**シェル**内部で気液分離（蒸気と液体に分離）されて冷媒**蒸気**だけが圧縮機に吸い込まれる。**シェル**内に滞留している冷媒**液**は冷却管を浸している。

◆満液式冷却管内蒸発器

満液式冷却管内蒸発器は、冷媒液を溜める**低圧受液器**と**冷却管内蒸発器**で構成される蒸発器である。なお、受液器には膨張弁入口側に設けられる高圧受液器と膨張弁出口側に設けられる低圧受液器がある。

①強制循環式

冷却管内蒸発器のうち**強制循環**式は、冷媒液を受けてためる低圧受液器と蒸発器の間を冷媒液ポンプで**強制循環**させている。冷媒液ポンプによる冷媒循環量は、蒸発液量の約3～5倍程度である。冷媒液が強制的に循環されるので冷媒側熱伝達率が**大きい**ことが**利点**だが、自然循環式や乾式蒸発器に比較して冷媒充てん量が**多く**なるのが**欠点**である。強制循環式は設備が**複雑**になるので、**大**規模の冷蔵庫に用いられ、**小さな**冷凍装置には使用されない。

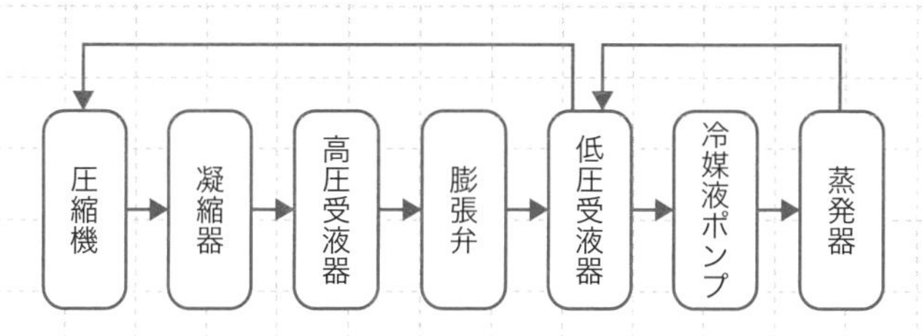

図8-3：強制循環式の基本フロー

冷媒液ポンプにより強制循環する冷媒液量は、蒸発器で蒸発する冷媒量よりも大きな循環量（3～5倍）を確保する必要があるぞ。

②強制循環式の冷媒液ポンプの位置

冷媒液ポンプと低圧受液器の冷媒液面の高低差が**小さい**とポンプの吸込み部

分の圧力が小さくなり、流路の抵抗による圧力降下により減圧し冷媒液が気化してフラッシュガスが発生する。フラッシュガスが発生すると冷媒液ポンプが正常に作動しなくなるので、冷媒液ポンプは低圧受液器の液面よりも充分低い位置に設置する必要がある。

フラッシュガスとは蒸発器以外で蒸発してしまう冷媒蒸気だ。液体は圧力が下がると気化しやすくなる。ポンプは液体中に気体が含まれていると液体を送ることができなくなるぞ。

➔ シェルアンドチューブ乾式蒸発器と満液式蒸発器の比較

◆伝熱性能

①熱通過率

満液式蒸発器は、乾式蒸発器のように過熱に必要な部分が不要なので、乾式蒸発器に比べて伝熱面に冷媒液が接する部分の割合が多く、冷媒側伝熱面における平均熱通過率は乾式蒸発器よりも大きくなる。

過熱に必要な部分は冷媒蒸気、すなわち気体が接する部分だ。液体より気体のほうが、熱が伝わりにくいのはサウナと風呂で説明済だ。

②伝熱面積

伝熱面に冷媒液が接する伝熱面積の割合は満液式蒸発器より乾式蒸発器の方が少ない。

③平均温度差

一般に満液式蒸発器は、乾式蒸発器に比べて冷媒側の熱伝達率が大きいので、伝熱面積を小さく、あるいは被冷却物と冷媒の蒸発温度との平均温度差を小さくすることができる。

油戻し

圧縮機から冷媒とともに吐き出された冷凍機油を再び圧縮機に戻すことを油戻しという。各蒸発器の油戻しの方法は次のとおりである。

● 乾式蒸発器の油戻し

①フルオロカーボン冷媒の場合は、冷却管内で冷媒液から分離された冷凍機油は冷媒蒸気とともに圧縮機に吸い込ませる。油戻し装置が不要である。

②アンモニア冷媒の場合は、冷却管内に滞留した冷凍機油を油抜き弁から抜き取る。

● 満液式蒸発器の油戻し

①フルオロカーボン冷媒の場合、油戻し装置により蒸発器または低圧受液器の液面近くから冷凍機油が溶け込んだ冷媒を抜き出し、加熱して冷媒と冷凍油に分離して冷凍機油を圧縮機に戻す。

②アンモニア冷媒の場合は、蒸発器または低圧受液器の下部に滞留した冷凍機油を油抜き弁から抜き取る。

フルオロカーボン冷媒の場合、満液式蒸発器は液が溜まっている蒸発器や低圧受液器に入った油の圧縮機への戻りが悪いので、別途、油戻し装置が必要になる。一方、乾式蒸発器の場合は油戻し装置は不要だ。

除霜

プレートフィンチューブ冷却器のフィン表面に霜が厚く付着すると、空気の通路が狭くなって風量が減少し、さらに霜の熱伝導率は小さいので伝熱が妨げられ、蒸発圧力、蒸発温度が低下する。蒸発器に霜が付着したら、除霜（デフロスト）を行う必要があり、散水方式、ホットガス方式、オフサイクルデフロスト方式などの方法がある。

プレートフィンチューブ冷却器とは、チューブ（管）にプレート（板）状のフィン（ひれ）がついた冷却器のことだ。

◆散水方式

散水方式に関する事項は次のとおりである。

①水を冷却器に散布して霜を融解させる方法である。
②水温が低いと除霜能力が不足し、水温が高いと冷蔵庫内に霧が発生する。
③水温は10～15℃が適切である。
④冷却器への冷媒の供給を止め、冷媒を回収してから行う。
⑤散水管は除霜後に凍結しないように水を排出する。
⑥排水管にはトラップを設けて外気の侵入を防止する。

トラップとは排水管の内部に水をためて空気が侵入しないようにする部分をいう。トラップの内部に溜まっている水を封水（ふうすい）という。

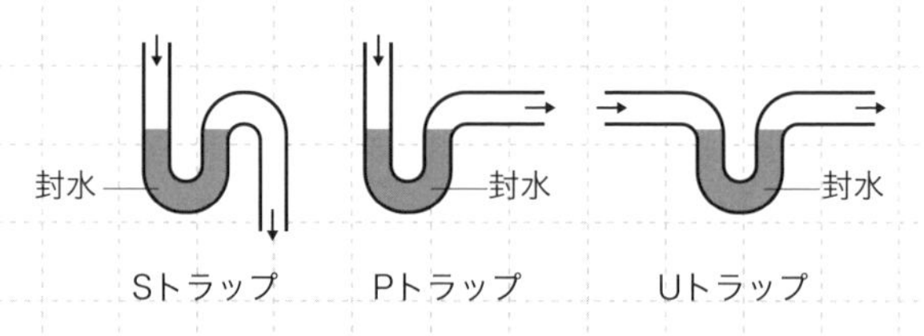

図8-4：トラップ

◆ホットガス方式

ホットガス方式に関する事項は次のとおりである。

①冷却管に圧縮機からの高温の冷媒ガスを送り、顕熱と凝縮潜熱によって霜を融解する。
②霜が厚くなると融けにくくなるので、霜が厚くなる前に実施する。
③ドレンパン（排水受け）に氷が堆積しないようにヒータで加熱して氷を融かす。

◆オフサイクルデフロスト方式

オフサイクルデフロスト方式とは、庫内温度が**5℃**程度の冷蔵庫の除霜等に用いられ、蒸発器への冷媒の供給を**停止**して、庫内の空気の**送風**によって除霜する方式である。

水冷却器、ブライン冷却器の凍結防止

水冷却器やブライン冷却器では、水やブラインの凍結による装置の破壊を防止するために、温度が下がりすぎたときに**サーモスタット**（温度調節器）を用いて冷凍装置の運転を**停止**して凍結防止を図っている。

Step 3
暗記

何度も読み返せ！

- □ 冷凍能力＝［熱通過］率×［伝熱］面積×被冷却物と冷媒との［平均温度］差
- □ 蒸発器における被冷却物と冷媒との平均温度差は、冷蔵用の空気冷却器では通常［5］～［10］K程度、空調用では［15］～［20］K程度。
- □ 平均温度差が［大き］過ぎると、蒸発温度を低くする必要があるので、圧縮機の冷凍能力と装置の成績係数が低下する。
- □ 乾式蒸発器とは、冷媒液と冷媒蒸気が［混相］した状態で入り、過熱冷媒［蒸気］として出ていく。
- □ 熱伝達率を向上させるために、［迂回］して流れるように［バッフル］プレート（邪魔板）が設置されている。
- □ ディストリビュータは［大］容量の乾式蒸発器に設置される。
- □ 冷媒液ポンプによる冷媒循環量は、蒸発液量の約［3］～［5］倍程度である。
- □ 強制循環式は冷媒充てん量が［多く］なる。
- □ 強制循環式は［大］規模の冷蔵庫に用いられ、［小さな］冷凍装置には使用されない。
- □ 冷媒液ポンプは低圧受液器の液面よりも充分［低い］位置に設置する必要がある。
- □ 満液式蒸発器の平均熱通過率は乾式蒸発器よりも［大きく］なる。
- □ フルオロカーボン冷媒の場合、満液式蒸発器の場合は油戻し装置が［必要］。乾式蒸発器の場合は油戻し装置は［不要］。
- □ ホットガス方式による除霜は霜が［厚く］なる前に実施する。
- □ オフサイクルデフロスト方式とは、庫内温度が［5］℃程度の冷蔵庫の除霜等に用いられる。
- □ 温度が下がりすぎたときに［サーモスタット］（温度調節器）を用いて冷凍装置の運転を［停止］して凍結防止を図っている。

重要度：🔥🔥

No. 09 / 31

自動制御機器

温度自動膨張弁（内部均圧形、外部均圧形）、感温筒（液チャージ方式、ガスチャージ方式）、圧力調整弁（蒸発圧力調整弁、吸入圧力調整弁、凝縮圧力調整弁）、圧力スイッチなどについて学習しよう。

Step1 図解 目に焼き付けろ！

調整弁の基本フロー

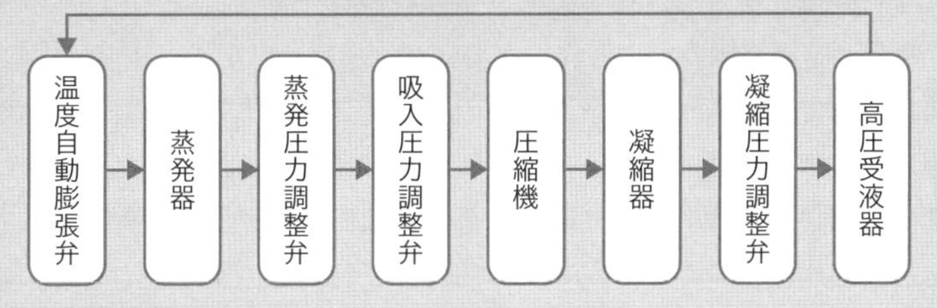

温度自動調整弁、蒸発圧力調整弁、吸入圧力調整弁、凝縮圧力調整弁の各調整弁の位置関係を理解しよう。
内部均圧形は、感温筒の封入冷媒圧力と蒸発器**入口**の冷媒圧力との差圧により動作する。外部均圧形は、感温筒の封入冷媒圧力と蒸発器**出口**の冷媒圧力との差圧により動作する。

Step2 解説 爆裂に読み込め!

温度自動膨張弁

温度自動膨張弁には、冷媒液を絞り膨張させる機能と**冷媒流量**を調節する機能の2つの機能がある。**冷媒流量**を調節することにより蒸発器出口の冷媒蒸気の**過熱度**を一定に保持している。蒸発器出口の冷媒蒸気の過熱度は3〜8K前後に制御される。

温度自動膨張弁とは、過熱度、すなわち温度を自動で調節することができる膨張弁という意味だ。

◆温度自動膨張弁の構造

温度自動膨張弁は膨張弁と感温筒で構成されている。感温筒には冷媒が封入されており、冷媒蒸気の温度変化に伴い、封入冷媒圧力が変化する。膨張弁は、感温筒からの封入冷媒圧力と冷凍装置の冷媒圧力の差圧をダイヤフラムと呼ばれる弾力性のある隔壁に受け、その力により弁の開度を調節する。

温度自動膨張弁には、膨張弁**内部**の蒸発器**入口**の冷媒圧力を導入する**内部**均圧形と、**外部**均圧管を介して膨張弁**外部**の蒸発器**出口**の冷媒圧力を導入する**外部**均圧形がある。

①内部均圧形温度自動膨張弁

内部均圧形温度自動膨張弁は、膨張弁内部の蒸発器**入口**の冷媒蒸気の圧力を直接ダイヤフラム面に受ける構造になっている。内部均圧形温度自動膨張弁は蒸発器内の圧力損失が**小さい**冷凍装置に使用される。

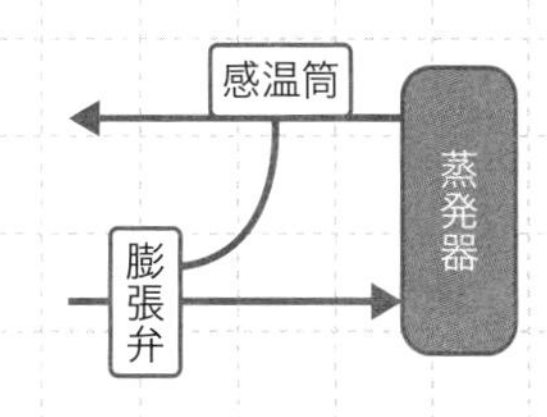

図9-1：内部均圧形温度自動膨張弁

②外部均圧形温度自動膨張弁

外部均圧形温度自動膨張弁は、蒸発器出口の冷媒蒸気の圧力を外部均圧管にて膨張弁のダイヤフラム面に伝える構造になっている。冷媒の圧力降下の大きな蒸発器、ディストリビュータなどで温度自動膨張弁から蒸発器出口までの圧力降下が大きい場合には、外部均圧形温度自動膨張弁が使用される。外部均圧形温度自動膨張弁を使用することにより、蒸発器やディストリビュータなどの圧力降下の変化に影響を受けずに過熱度を制御することが可能である。

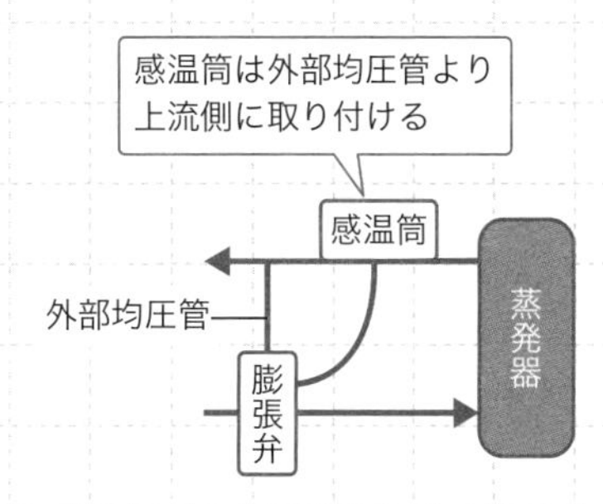

図9-2：外部均圧形温度自動膨張弁

◆感温筒

感温筒には冷媒が封入されている。感温筒の封入冷媒圧力は温度により変化する。感温筒を冷媒配管の外面に取り付けて、冷媒温度に見合った封入冷媒圧力を膨張弁のダイヤフラムに伝達している。感温筒には冷媒の封入方式により、液チャージ方式、ガスチャージ方式などがある。

①液チャージ方式

液チャージ方式は、感温筒の封入冷媒が常時、蒸気と液の状態で存在する方式の冷媒封入方式である。液チャージ方式は、感温筒の内部に常時、飽和圧力を保持できるだけの十分な冷媒が封入されている。したがって、膨張弁本体やダイヤフラム受圧部の温度が感温筒温度よりも**低く**なっても膨張弁は正常に作動することができる。

②ガスチャージ方式

ガスチャージ方式は、冷媒液の封入を少なく制限して、一定の温度以上になると封入冷媒のすべてが蒸発して過熱蒸気になる冷媒封入方式である。ガスチャージ方式は一定の温度以上になると冷媒封入圧力はほとんど**上がら**なくなる。ガスチャージ方式は、弁本体やダイヤフラム受圧部の温度を常に感温筒温度よりも**高く**しておかないと、感温筒に冷媒液がなくなって感温筒内の飽和圧力を保持できなくなるので、膨張弁を正常に作動させることができなくなる。

感温筒の冷媒封入方式には、冷凍装置の冷媒と異なる種類の冷媒を封入したクロスチャージ方式というのもあるぞ！

③感温筒の取付け

感温筒は蒸発器の出口の冷媒管の外面に密着して取り付けられる。感温筒を冷却コイルの**ヘッダ**（管寄せ）や吸込み管の**液**のたまりやすいところに取り付けると正確な温度を検出できないので、このような位置を避けて感温筒を取り付ける。また膨張弁から外部均圧管を介して冷媒が漏れることがあるので、感温筒は、漏れた冷媒の影響を受けないように、蒸発器出口配管と外部均圧管の接続部の**上流**側に取り付ける。

感温筒が冷媒管から外れると温度自動膨張弁が大きく**開いて液戻り**（えきもど）が生じる。また感温筒に封入されている冷媒が漏れると膨張弁は**閉じ**、冷凍装置の冷凍機能が失われる。

ヘッダとは管寄（くだよ）せともいい、細い管を集めた部分をいう。

◆温度自動膨張弁の容量の選定

温度自動膨張弁は、ディストリビュータの圧力降下などを考慮して適正な容量のものを選定する。温度自動膨張弁の容量が蒸発器の容量に対し過大な場合、冷媒流量と過熱度が周期的に変動するハンチング現象を生じやすくなる。逆に、温度自動膨張弁の容量が蒸発器の容量に対し過小な場合、熱負荷の大きなときに冷媒流量が不足し、過熱度が過大になる。温度自動膨張弁の容量は、一般に、弁開度80%のときの値を定格容量として示されている。

◆その他の膨張装置

①定圧自動膨張弁

定圧自動膨張弁は、蒸発圧力（蒸発温度）が設定値より高くなると閉じ、低くなると開いて、蒸発圧力を一定になるように冷媒流量を調節する蒸発圧力制御弁である。定圧自動膨張弁では蒸発器出口冷媒の過熱度は制御できない。熱負荷変動の小さい小形冷凍装置に用いられる。

②キャピラリチューブ

小容量の冷凍・空調装置には、膨張弁の代わりにキャピラリチューブ（毛細管）が用いられる。キャピラリチューブは、細管を流れる冷媒の流れ抵抗による圧力降下を利用して冷媒の絞り膨張を行う。冷媒の流量や過熱度の制御をすることはできない。電気冷蔵庫は、膨張弁の代わりにキャピラリチューブを使用し、受液器なしで凝縮器の出口に液を溜め込むようにするなどして装置を簡略化している。

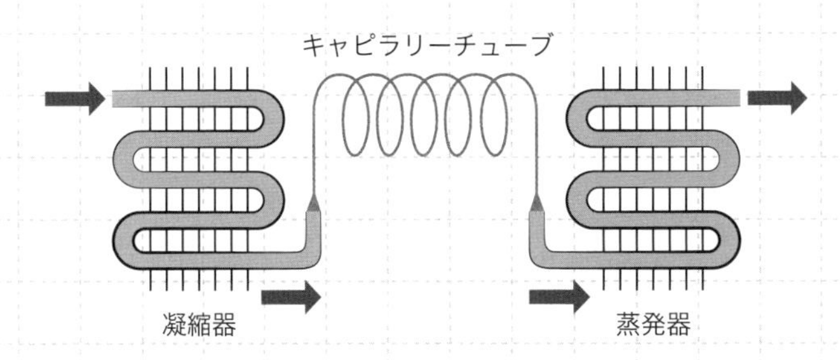

図9-3：キャピラリチューブ

キャピラリチューブとは、らせん状に巻かれた細い管だ。

調整弁

◆圧力調整弁

主な冷媒の圧力調整弁の名称、設置場所、機能・特徴は次のとおりである。

表9-1：主な圧力調整弁

名称	設置場所	機能・特徴など
蒸発圧力調整弁	蒸発器出口	●蒸発圧力の低下防止
吸入圧力調整弁	圧縮機入口	●圧縮機吸込み圧力の上昇防止 ●圧縮機の容量制御、始動時・除霜時の圧縮機の過負荷防止
凝縮圧力調整弁	凝縮器出口	●冬季の凝縮圧力の低下防止 ●凝縮圧力が低下すると弁を閉じ、凝縮器から流出する冷媒液を減少させる。

◆冷却水調整弁

冷却水調整弁は、制水弁、節水弁とも呼ばれ、凝縮器の冷却水**出口**側に設けられ、水冷凝縮器の**凝縮**圧力が一定となるように**冷却水**量を調整する弁である。

◆電磁弁

電磁弁は、電磁石の電磁力により開閉する弁で、電気信号により配管内の冷媒の流れを遮断することができる。電磁弁は、電磁コイル（巻き線）に通電すると磁場が作られてプランジャ（シリンダ内を往復する部材）を吸引して引き上げて弁を**開放**し、電磁コイルの電源を切ると重力でプランジャが下に落ちて弁を**閉止**する。

電磁弁には、プランジャを直接吸引して動作する**直動**式と、プランジャを吸引したときの圧力差により動作する**パイロット**式がある。

電磁弁は通電されると「開」、電源を切ると「閉」ね！

スイッチ

◆フロートスイッチ

フロートスイッチは、冷媒**液面**の上下の変化をフロート（浮き玉）が検出し、これを電気信号に変換して**電磁**弁を開閉する。満液式蒸発器内などの冷媒**液面**の位置を一定範囲内に保つために**電磁**弁を開閉するスイッチとして用いられる。

◆圧力スイッチ

圧力スイッチとは、圧力の変化を検出して、電気回路の接点を開閉するスイッチをいう。冷凍装置の圧力スイッチには、高圧圧力スイッチ、低圧圧力スイッチ、油圧保護圧力スイッチなどが用いられている。

①高圧圧力スイッチ

検出圧力が設定圧力**以上**に**上昇**したら接点を開いて装置を停止する。冷凍装置の高圧遮断装置として使用する場合は**手動**復帰式とする。

②低圧圧力スイッチ

検出圧力が設定圧力**以下**に**低下**したら接点を開いて装置を停止し、過度の低圧運転を防止する。低圧圧力スイッチは一般に**自動**復帰式になっている。圧力スイッチの開と閉の作動圧力の差をディファレンシャルという。低圧圧力スイッチのディファレンシャルを**小さく**し過ぎると、圧縮機の運転・停止を短時間で繰り返す**ハンチング**が発生し、圧縮機の電動機の焼損の原因になる。

③油圧保護圧力スイッチ

給油ポンプを内蔵している圧縮機では、油圧を**保持**できないと圧縮機の焼付き事故などが発生する。圧縮機の焼付きを防止するために、圧縮機の給油圧力が設定圧力**以上**に**保持**できない場合に圧縮機を**停止**するスイッチである。油圧保護圧力スイッチは**手動**復帰式とする。

圧力スイッチの自動復帰式とは、停止圧力になり停止後、運転圧力に戻ったら自動で復帰して運転を再開する方式をいう。
圧力スイッチの手動復帰式とは、停止圧力になり停止後、運転圧力に戻っても自動で復帰せず、人が安全を確認して手動で復帰しないと運転再開しない方式をいう。

◆断水リレー

断水リレーとは、水冷凝縮器や水冷却器で断水または循環水量が低下したときに、圧縮機を停止させたり、警報を発したりすることによって冷凍装置を保護する安全装置である。断水リレーには、パドル（櫂）で直接流れを検出する**フロースイッチ**などが用いられている。

フロースイッチとフロートスイッチは言葉が似ているので気を付けよう。フロースイッチは「流れ」を検出、フロートスイッチは「液面」を検出するものだ。

Step3 暗記 何度も読み返せ！

- □ 内部均圧形温度自動膨張弁は圧力損失が［小さい］場合に使用される。
- □ 外部均圧形温度自動膨張弁は圧力損失が［大きい］場合に使用される。
- □ ［液］チャージ方式は、膨張弁本体やダイヤフラム受圧部の温度が感温筒温度よりも低くなっても膨張弁は正常に作動することができる。
- □ ［ガス］チャージ方式は、弁本体やダイヤフラム受圧部の温度を常に感温筒温度よりも高くしておかないと膨張弁を正常に作動させることができない。
- □ 感温筒は冷却コイルのヘッダ（管寄せ）や吸込み管の液のたまりやすいところに取り付け［ない］。
- □ 感温筒は、蒸発器出口配管と外部均圧管の接続部の［上流］側に取り付ける。
- □ 感温筒が冷媒管から［外れる］と温度自動膨張弁が大きく開いて液戻りが生じる。
- □ 感温筒に封入されている冷媒が漏れると膨張弁は［閉じ］、冷凍装置の冷凍機能が失われる。
- □ 温度自動膨張弁の容量が蒸発器の容量に対し［過大］な場合、ハンチング現象を生じやすくなる。
- □ 温度自動膨張弁の容量が蒸発器の容量に対し［過小］な場合、熱負荷の大きなときに冷媒流量が不足し、過熱度が過大になる。
- □ 電磁弁は、通電すると弁を［開放］し、電源を切ると弁を［閉止］する。
- □ 高圧遮断装置は［手動］復帰式とする。
- □ 低圧圧力スイッチのディファレンシャルを［小さく］し過ぎるとハンチングが発生し、圧縮機の電動機の焼損の原因になる。
- □ 油圧保護圧力スイッチは［手動］復帰式とする。

重要度：🔥

No.
10 付属機器
/31

受液器（高圧受液器、低圧受液器）、分離器（液分離器、油分離器）、その他の付属機器（液ガス熱交換器、フィルタドライヤ、サイトグラス）などについて学習しよう。

Step1 図解 目に焼き付けろ！

主な付属機器の基本フロー例

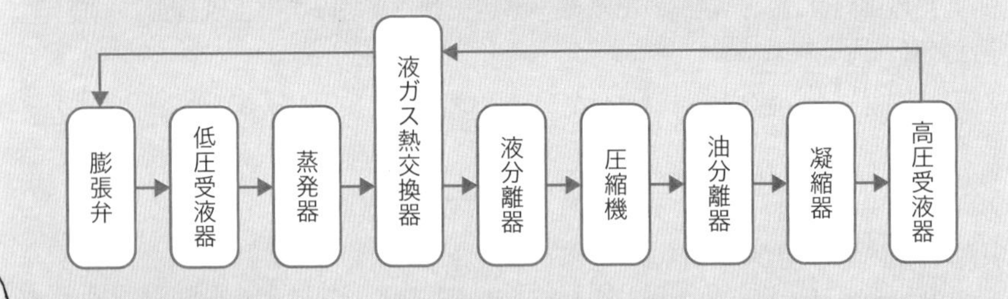

蒸発器⇒凝縮器までの冷媒は気体、凝縮器⇒蒸発器までの冷媒は液体。
このことも改めて理解しておこう！

Step2 解説 爆裂に読み込め！

受液器

冷凍装置の受液器には、凝縮器出口～膨張弁入口の間に設ける高圧受液器と、満液式蒸発器（冷却管内蒸発）を用いた冷凍装置において膨張弁出口～蒸発器入口の間に設けられる低圧受液器に大別される。また高圧受液器は単に受液器とも呼ばれる。

◆高圧受液器

高圧受液器に関する事項は次のとおりである。

①高圧受液器出口から冷媒液とともに冷媒蒸気が流れ出ないよう、冷媒液出口管を高圧受液器の下部に接続し、下部から冷媒液を出すようにする。
②高圧受液器内の冷媒蒸気の空間に余裕を持たせ、運転状態が変化しても冷媒液が凝縮器で停滞しないように、冷媒液量の変動を高圧受液器で吸収する。
③冷媒設備を修理する際に、大気に開放する冷媒装置の部分の冷媒を高圧受液器に回収できるようにする。

◆低圧受液器

低圧受液器に関する事項は次のとおりである。

①低圧受液器は、満液式蒸発器（冷却管内蒸発）を用いた冷凍装置において使用される。
②蒸発器に冷媒液を送り、蒸発器から戻る冷媒液の液溜めの機能を持つ。
③液面レベルを確保するために液面位置の制御が必要である。

膨張弁の入口側の圧力の高い部分を高圧、膨張弁の出口側の圧力の低い部分を低圧という。

分離器

分離器には、圧縮機の**入口**側に設けられる液分離器と圧縮機の**出口**側に設けられる油分離器がある。

◆液分離器

液分離器（アキュムレータともいう）に関する事項は次のとおりである。

①液分離器は圧縮機の**入口**側の**吸込み**配管に設置される。
②冷媒**液**を分離して冷媒**蒸気**だけを圧縮機に吸い込ませ、圧縮機の**液**圧縮を防止する。
③液分離器で分離した冷媒**液**は冷凍装置外部に**排出**せず、少量ずつ圧縮機に吸い込ませたり、加熱して蒸発させたりして処置する。
④円筒形容器内で冷媒蒸気の流速を**小さく**して液滴を重力により落下・分離する。

◆油分離器

油分離器（オイルセパレータともいう）は、圧縮機から冷媒蒸気とともに吐き出される冷凍機油を分離する装置をいう。圧縮機から吐き出される冷凍機油が、凝縮器や蒸発器に送られると**伝熱**を阻害するので油分離器が使用される。油分離器に関する事項は次のとおりである。

①油分離器は圧縮機の**出口**側の**吐出し**管に設置される。
②**大**形・**低**温のフルオロカーボン冷媒の冷凍装置に用いられる。
③**小**形のフルオロカーボン冷媒の冷凍装置には用いられない場合が多い。
④**アンモニア**冷媒の冷凍装置に用いられる。
⑤**スクリュー**圧縮機は多量の冷凍機油が必要なので必ず油分離器を**設ける**。
⑥様々な種類のものがあるが大きな容器内で冷媒蒸気の流速を**小さく**して油滴を重力により落下・分離するものなどがある。
⑦**フルオロカーボン**冷媒の場合は、油分離器で分離された冷凍機油は圧縮機に自動返油される。
⑧**アンモニア**冷媒の場合は吐出しガス温度が高く、分離された油が劣化するの

で、圧縮機に自動返油されず油溜めに抜き取る。

液分離器も油分離器も、気体（冷媒蒸気）中の液体（冷媒液・油）を分離する装置なので、気体の流速を落として気体中の液体を重力で落下させて分離するという共通の基本原理を用いるものがあるぞ。

その他の付属機器

冷凍装置に用いられるその他の付属機器には、液ガス熱交換器、フィルタドライヤ、サイトグラスがある。概要は次のとおりである。

◆液ガス熱交換器

液ガス熱交換器に関する事項は次のとおりである。

①液ガス熱交換器は、凝縮器**出口**（受液器がある場合は受液器の出口）の冷媒**液**と蒸発器**出口**の冷媒**蒸気**の間で熱交換する。
②冷媒液を過**冷却**して液管内での**フラッシュ**ガスの発生を防止する。
③圧縮機**吸込み**冷媒蒸気を適度に**過**熱して、**湿り**状態の冷媒蒸気の**吸込み**を防止する。
④**フルオロカーボン**冷媒の冷凍装置に設けられる。
⑤**アンモニア**冷媒の冷凍装置では、圧縮機の吸込み蒸気過熱度の**増大**にともない、吐出しガス温度の**上昇**が著しいので使用しない。

◆フィルタドライヤ

フルオロカーボン冷媒の冷凍装置に水分が存在すると装置の各部に悪影響を及ぼすので、フィルタドライヤ（ろ過乾燥器）を設け、フルオロカーボン冷凍装置の冷媒系統の水分を除去する。フィルタドライヤに関する事項は次のとおりである。

①フィルタドライヤは冷媒**液**管に設置される。

②フィルタドライヤのろ筒内部には水分を吸着する**乾燥剤**が収められている。
③**乾燥剤**には**シリカ**ゲルやゼオライトなどが用いられる。
④**乾燥剤**には、**水分**を吸着しても化学変化を起**こさない**、砕け**にくい**性質が求められる。

◆サイトグラス

サイトグラスは、冷媒液配管のフィルタドライヤの**下流**に設置される。サイトグラスは、冷媒液管の内部が透けて見える**のぞき**ガラスと、水分含有量によって変色する**モイスチャーインジケータ**（指示板）が内蔵された器具である。

サイトグラスは冷媒の**流れ**の状態を目視するためのものであり、また冷媒を**チャージ**（**充てん**）するときの冷媒**充てん**量や冷媒中の水分含有量から**フィルタドライヤ**の交換時期などを判断するためのものである。

フィルタドライヤは、乾燥剤によるドライヤ機能とともに、ろ過機能もあるのでフィルタドライヤと呼ばれているんだ。

Step3 暗記 何度も読み返せ！

- □ 冷媒液出口管を高圧受液器の［下］部に接続し、下部から冷媒液を出すようにする。
- □ 低圧受液器は、液面レベルを確保するために液面位置の制御が［必要］である。
- □ 液分離器で分離した冷媒液は冷凍装置外部に［排出］せず、少量ずつ圧縮機に［吸い込ませ］たり、［加熱］して［蒸発］させたりして処置する。
- □ ［フルオロカーボン］冷媒の場合は、油分離器で分離された冷凍機油は圧縮機に自動返油される。
- □ ［アンモニア］冷媒の場合は吐出しガス温度が［高く］、分離された油が［劣化］するので、圧縮機に自動返油されず油溜めに抜き取る。
- □ ［アンモニア］冷媒の冷凍装置では、圧縮機の吸込み蒸気過熱度の増大にともない、吐出しガス温度の［上昇］が著しいので液ガス熱交換器は使用しない。
- □ ［乾燥］剤には、［水分］を吸着しても化学変化を起こ［さない］、砕け［にくい］性質が求められる。
- □ サイトグラスは冷媒の［流れ］の状態を目視するためのものであり、また冷媒を［チャージ］（［充てん］）するときの冷媒［充てん］量や冷媒中の［水分］含有量から［フィルタドライヤ］の交換時期などを判断するためのものである。

重要度：🔥🔥🔥

No.
11 /31
冷媒配管

配管材料、冷媒配管の接続、各部分の冷媒配管（吐出しガス配管、高圧側液配管、吸込み蒸気配管）、高圧側液配管のフラッシュガス、吸込み蒸気配管の二重立上り管などについて学習しよう。

Step1 図解 目に焼き付けろ！

冷媒配管の区分

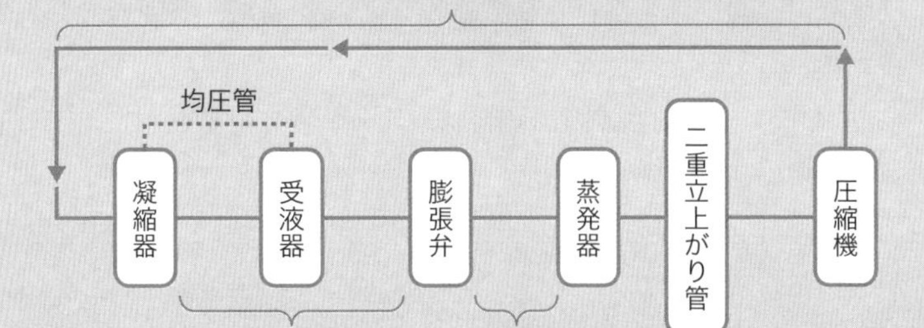

圧力	配管	区間
高圧側	吐出しガス配管	圧縮機⇒凝縮器
	液配管	凝縮器⇒膨張弁
低圧側	液配管	膨張弁⇒蒸発器
	吸込み蒸気配管	蒸発器⇒圧縮機

Step2 解説 爆裂に読み込め！

配管材料

冷媒配管に使用される配管材料に求められる主な要件は次のとおりである。

◆化学的性質

冷媒配管は、冷媒と冷凍機油の化学的作用によって劣化しないことが必要である。冷媒配管は冷媒の種類に応じた配管材料を選定する必要がある。

①フルオロカーボン冷媒の冷媒配管には、2%を超える**マグネシウム**を含有した**アルミニウム**合金を使用してはならない。
②アンモニア冷媒の冷媒配管には、**銅**および真ちゅう（じん）などの**銅**合金を使用してはならない。

真ちゅうとは、黄銅（こうどう）ともいい、銅と亜鉛の合金をいう。

◆物理的性質

冷媒配管は、冷媒の温度や圧力などの物理的条件を満足する配管材料を使用する必要がある。

①配管用炭素鋼鋼管（SGP）は**－25℃**、圧力配管用炭素鋼鋼管（STPG）は**－50℃**までは使用できる。
②配管用炭素鋼鋼管（SGP）は、**毒性**をもつ冷媒、設計圧力が**1MPa**を超える耐圧部分、温度**100℃**を超える耐圧部分のすべてに使用できない。

したがって、配管用炭素鋼鋼管（SGP）は、圧力が高くなるフルオロカーボン冷媒R410Aの冷媒配管や、アンモニアなどの毒性をもつ冷媒の冷媒配管に使用することはできない。

◆冷媒配管の接続

フルオロカーボン冷媒の冷凍装置において、小口径の銅管の冷媒配管の接続には、**フレア管継手**（つぎて）による接続と**ろう付け**継手による接続がある。**フレア管**継手による接続は、銅管の端部を広げる**フレア**加工をして接続する方法である。**ろう付け**継手による接続は、継手に銅管を差し込んで継手と銅管のすき間に熱で溶かした**ろう**材を流し込んで溶着する方法である。**ろう付け**作業においては、配管内に**窒素**ガスを流す**窒素**ブローを行い、配管内に**酸化**被膜をさせないようにすることが大切である。

フレア加工とは銅管の端をラッパ状に広げることをいう。フレア管継手とは、広がった部分をつばにして接続するための継手をいうぞ。

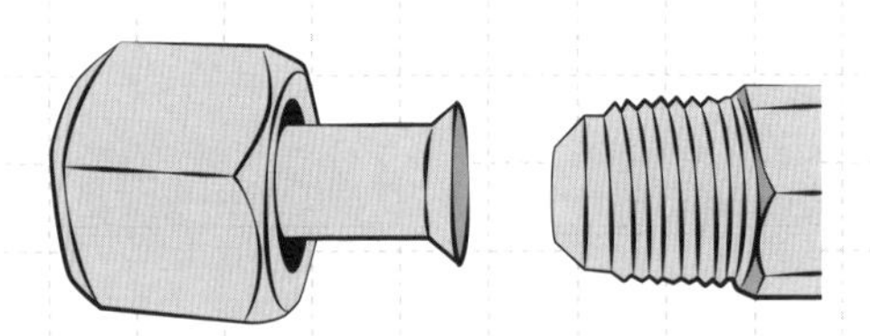

図11-1：フレア管継手

➔ 各部分の冷媒配管

吐出しガス配管、高圧側液配管、吸込み蒸気配管の各部分の冷媒配管に関する主な事項は次のとおりである。

◆吐出しガス配管

吐出しガス配管とは、圧縮機⇒凝縮器間の冷媒配管をいう。吐出しガス配管に関する事項は次のとおりである。

①冷媒配管の管径は、圧縮機から吐き出された冷媒蒸気中の冷凍機油を、再び圧縮機に**戻せる**ようなガス速度（横走り管3.5m／s以上、立ち上がり管6m/s以上）を**確保**し、かつ、過大な圧力**降下**と異常な**騒音**を生じないガス速度（25m/s以下）に**抑える**ように選定する。
②冷媒配管の摩擦損失による圧力降下を**20**kPa以下とする。
③圧縮機停止中に冷媒配管内で凝縮した冷媒液や冷凍機油が圧縮機に**逆流**しないようにする。

摩擦損失による圧力降下とは、冷媒と冷媒配管との間の摩擦によりエネルギーが損失し、冷媒圧力が降下することをいう。

◆高圧側液配管

高圧側液配管とは、凝縮器⇒膨張弁間の冷媒配管をいう。高圧側液配管に関する事項は次のとおりである。

①フラッシュガス

フラッシュガスとは、高圧側液配管内の冷媒液がフラッシング（気化）することにより発生するガス（冷媒蒸気）をいう。フラッシュガスに関する事項は次のとおりである。

表11-1：フラッシュガスの原因・影響・対策

項目	事項
フラッシュガスの原因	●冷媒温度が飽和温度以上になる ●冷媒圧力が飽和圧力以下になる ●立ち上がり部の高さにより冷媒圧力が飽和圧力以下に下がる
フラッシュガスの影響	●冷媒の流れ抵抗が大きくなって冷媒圧力が降下し、フラッシュガスがますます激しくなる ●膨張弁の冷媒流量が減少し、冷凍能力が減少する ●膨張弁の冷媒流量が変動し、安定した冷凍作用ができなくなる
フラッシュガスの防止対策	●流速を小さく、立ち上がり高さを低くして、圧力降下を小さくする

摩擦損失による圧力降下を小さくするためには、流速を小さくし、管径を大きくし、配管の長さを短くする必要がある。このことも理解しておこう。

②均圧管（きんあつかん）

凝縮器から受液器に冷媒液を流下しやすくするために、凝縮器と受液器の間に設けられる配管をいう。均圧管により凝縮器と受液器の冷媒圧力の均衡を図ることができる。均圧管がないと凝縮器から受液器に冷媒液が流下しにくくなる。凝縮器から受液器への冷媒液の流下管は、十分に太くするか均圧管を設ける必要がある。

◆吸込み蒸気配管

吸込み蒸気配管とは、蒸発器⇒圧縮機間の冷媒配管をいう。吸込み蒸気配管に関する事項は次のとおりである。

①冷媒配管の管径は、冷媒蒸気中の冷凍機油を、再び圧縮機に戻せるようなガス速度（横走り管3.5m/s以上、立ち上がり管6m/s以上）を確保し、かつ、過大な圧力降下と異常な騒音を生じないガス速度（25m/s以下）に抑えるよ

うに選定する。

②冷媒配管の摩擦損失による圧力降下を、吸込み蒸気の飽和温度の2K分に相当する圧力降下より超えないようにする。

密閉された空間の一定量の気体は温度が低下すると圧力も低下する。抑えるべき圧力降下を温度低下で表現すると2K（ケルビン）だ。

③冷媒配管表面の**結露**や**着霜**の防止、吸込み蒸気温度の**上昇**防止のため**防熱**する。

④横走り管に**Uトラップ**があると軽負荷時や停止時に**トラップ**に冷媒**液**が溜まり、圧縮機の再始動時に溜まった**液**が圧縮機に吸い込まれる**液圧縮**が生じるので、圧縮機の近くの吸込み蒸気配管には**Uトラップ**を設けないようにする。

液圧縮とは、冷媒液が圧縮機に吸い込まれる現象をいう。液体は気体のように圧縮性がないので、液圧縮が発生するとシリンダ内部の圧力が異常上昇し、圧縮機故障の原因となる。

⑤**容量**制御を行う圧縮機の吸込み管には、軽負荷時においても油戻しできる流速を確保するために**二重立上り管**が設けられる。

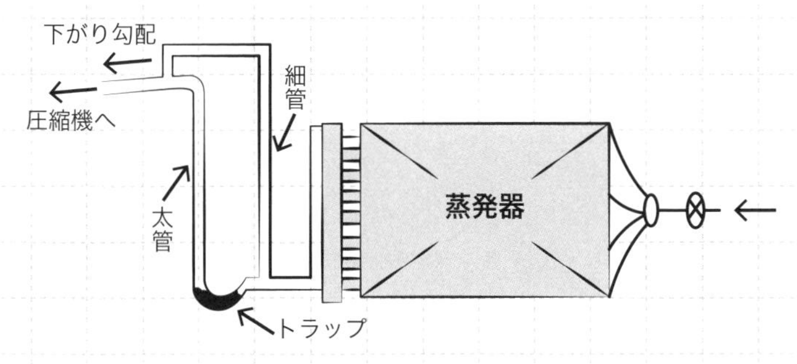

図11-2：二重立上り管

二重立ち上がり管の仕組みは上記のとおりだ。冷凍装置の負荷が軽い時の冷媒流量が少ないときは、二重立ち上がり管の下部のトラップに運びきれない冷凍機油がたまり、冷媒蒸気は細管のみ通過して必要最小限の流速が維持される。
冷凍装置の負荷が重い時の冷媒流量が多いときは、二重立ち上がり管の下部のトラップの冷凍機油は押し出され、冷媒蒸気は太管と細管を通過して過大にならない適正な流速が維持される。

冷媒配管の基本事項をまとめるとこうなりますね！

- 機器相互間の配管長さはできるだけ短くする。
- 配管の曲がり部はできるだけ少なくする。
- 配管の曲がりの半径はできるだけ大きくする。
- 配管の冷媒の流れ抵抗をできるだけ小さくする。
- 横引き管は冷媒の流れを阻害しないように原則、下がり勾配とする。

Step3 暗記 何度も読み返せ！

- □ フルオロカーボン冷媒の冷媒配管には、2%を超える［マグネシウム］を含有したアルミニウム合金を使用してはならない。
- □ アンモニア冷媒の冷媒配管には、［銅］および真ちゅうなどの［銅］合金を使用してはならない。
- □ 配管用炭素鋼鋼管（SGP）は－［25］℃、圧力配管用炭素鋼鋼管（STPG）は－［50］℃までは使用できる。
- □ 配管用炭素鋼鋼管（SGP）は、［毒］性をもつ冷媒、設計圧力が［1］MPaを超える耐圧部分、温度［100］℃を超える耐圧部分のすべてに使用できない。
- □ ろう付け作業においては、配管内に［窒素］ガスを流す［窒素］ブローを行い、配管内に酸化被膜をさせないようにする。
- □ 冷媒配管の管径は、冷凍機油を圧縮機に戻せるようなガス［速度］を確保し、かつ、過大な圧力降下と異常な騒音を生じないガス［速度］に抑える。
- □ 圧縮機停止中に冷媒配管内で凝縮した冷媒液や冷凍機油が圧縮機に［逆流］しないようにする。
- □ フラッシュガスの原因は、冷媒温度が飽和温度［以上］になる。冷媒圧力が飽和圧力［以下］になる。立ち上がり部の［高さ］により冷媒圧力が飽和圧力［以下］に下がる。
- □ フラッシュガスの影響は、膨張弁の冷媒流量が［減少］し、冷凍能力が［減少］する。
- □ 冷媒配管表面の［結露］や［着霜］の防止、吸込み蒸気温度の［上昇］防止のため［防熱］する。
- □ 圧縮機の近くの吸込み蒸気配管には［Uトラップ］を設けないようにする。
- □ ［容量］制御を行う圧縮機の吸込み管には、軽負荷時においても油戻しできる流速を確保するために［二重］立上り管が設けられる。

第2章 冷凍装置

重要度：🔥🔥

No. 12 /31 安全装置

ここでは、安全弁、破裂板、溶栓、高圧遮断装置、液封防止装置、ガス漏えい検知警報設備などの安全装置やその設置基準、設定圧力などについて学習しよう。

Step1 図解 目に焼き付けろ！

安全装置の設置場所と最小口径

項目	安全弁（圧縮機）	安全弁（容器）	破裂板	溶栓
設置箇所	●1日の冷凍能力が20トン以上の圧縮機	●内容積500L以上の容器	●内容積500L未満の容器 ●可燃性ガスまたは毒性ガスには使用できない	●内容積500L未満のフルオロカーボン用の容器
最小口径	● $d_1 = C_1\sqrt{V}$ d_1：安全弁の最小口径 C_1：冷媒の種類による定数 V：1時間当たりのピストン押しのけ量	● $d_2 = C_3\sqrt{DL}$ d_2：安全弁または破裂板の最小口径 C_3冷媒の種類ごとに高圧部、低圧部に分けて決められた定数 D：容器の外径 L：容器の長さ	●同左	●左記の1/2以上

圧縮機の安全弁の口径は、1時間当たりのピストン押しのけ量の平方根に比例する。
容器の安全弁の口径は、容器の外径と容器の長さの積の平方根に比例する。

Step2 解説 爆裂に読み込め！

設定圧力

冷凍装置の安全装置には、安全弁、破裂板、溶栓、高圧遮断装置があり、これらの設定圧力は許容圧力を基準にして規定されている。

安全弁等の設定圧力は、耐圧試験圧力ではなく、「許容」圧力を基準にして規定されているぞ。

安全弁

安全弁とは、装置内部の圧力が異常上昇したときに圧力を外部に開放し、圧力が正常に戻ったら閉止する弁をいう。

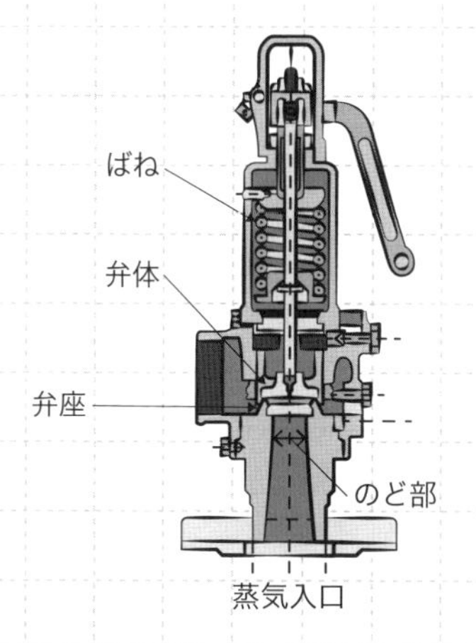

図12-1：ばね安全弁

冷凍装置の安全弁に関する主な事項は次のとおりである。

①1日の冷凍能力が**20**トン以上の圧縮機（遠心式は除く）に取付けが義務づけられている。

②内容積**500**リットル以上の圧力容器に取付けが義務づけられている。

③圧縮機に取付ける安全弁の最小口径は次式で規定されている。

- $d_1 = C_1\sqrt{V}$
  - d_1：安全弁の最小口径
  - C_1：冷媒の種類による定数
  - V：1時間当たりのピストン押しのけ量

④容器に取付ける安全弁の最小口径は次式で規定されている。

- $d_2 = C_3\sqrt{DL}$
  - d_2：安全弁または破裂板の最小口径
  - C_3：冷媒の種類ごとに高圧部、低圧部に分けて決められた定数
  - D：容器の外径
  - L：容器の長さ

⑤容器の安全弁の最小口径を求める式における冷媒の種類ごとに高圧部、低圧部に分けて決められた定数は、多くの冷媒では、**高圧**部よりも**低圧**部の方が大きい。

⑥安全弁の作動圧力とは、**吹き始め**圧力及び**吹出し**圧力と規定されている。

⑦安全弁の各部のガス通路面積は**安全弁の口径**以上でなければならない。

⑧安全弁は作動圧力を設定した後、設定が変更されないように**封印**できる構造でなければならない。

⑨安全弁には、修理等のために止め弁を設ける。止め弁は修理等のとき以外は常時**開**とし、「常時**開**」の表示をしなければならない。

吹き始め圧力と吹出し圧力についてはJIS（日本産業規格）に次のように規定されている。

- 吹始め圧力：入口側の圧力が増加して、出口側で流体の微量な流出が検知されるときの入口側の圧力。
- 吹出し圧力：安全弁が急速開作動（ポッピング）するときの入口側の圧力。ポッピング圧力ともいう。ポッピングとは、安全弁のリフトが瞬間的に増大し、内部の流体を吹き出す動作。

破裂板

破裂板（はれつばん）は装置内部の異常上昇した**圧力**により破裂し、内部の**圧力**が大気圧に下がるまで内部の冷媒を外部に放出する安全装置をいう。破裂板に関する主な事項は次のとおりである。

①構造が**簡単**で大口径のものを製作**できる**。
②比較的圧力の高いものには使用**しない**。
③装置内部の圧力が大気圧になるまで内部の冷媒を噴出し続けるので、**可燃**性ガスまたは**毒性**ガスに使用できない。

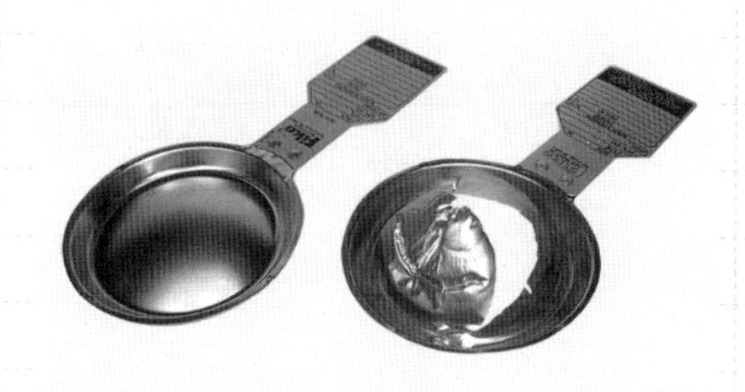

図12-2：破裂板（左：破裂前　右：破裂後）

溶栓

溶栓（ようせん）とは、装置内部の異常な**圧力**上昇に伴って異常に**温度**上昇したときに、溶栓の中央部が**高温**に晒されて**溶融**し開放することにより、内部の冷媒を外部に放出する安全装置をいう。溶栓に関する主な事項は次のとおりである。

①内容積**500**リットル未満の**フルオロカーボン**冷媒用の容器に取付けられる。
②溶栓はプラグの中空部に**低い**温度で溶融する金属を詰めたものである。
③安全弁、破裂板が**圧力**を直接検知して作動するのに対して、溶栓は**温度**の上

昇を検知して、圧力の異常な上昇を防止するように作動する。

④溶栓の溶融温度は原則として75℃以下である。

⑤溶栓は温度で作動するので、高温の圧縮機吐出し蒸気で加熱される部分や水冷凝縮器の冷却水で冷却される部分など、正しい冷媒温度を感知できない場所に取付けてはならない。

⑥溶栓の口径は、容器に取付けるべき安全弁または破裂板の最小口径の1/2以上でなければならない。

⑦装置内部の圧力が大気圧になるまで内部の冷媒を噴出し続けるので、可燃性ガスまたは毒性ガスに使用できない。

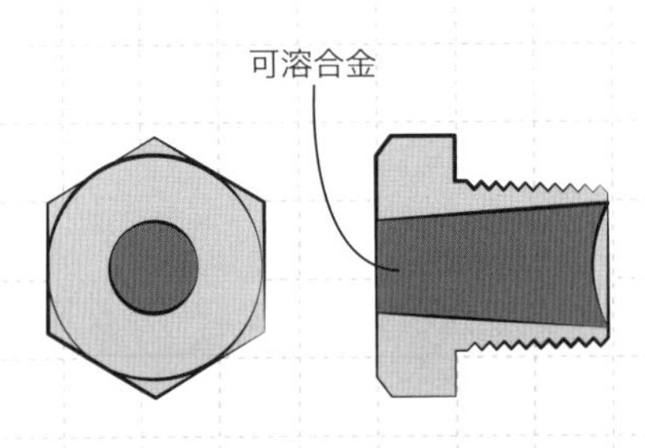

図12-3：溶栓

破裂板は圧力により破裂する。溶栓は温度により溶融する。両者とも一度冷媒を放出したら冷媒の圧力が大気圧になるまで放出し続けるので、アンモニア冷凍装置などの可燃性や毒性を有する冷媒を用いた装置には使用できないんだ。

高圧遮断装置

高圧遮断装置は、異常な高圧圧力を検知し、圧縮機を駆動している電動機の電源を切って圧縮機を停止させることにより、異常な圧力の上昇を防止する安全装置である。高圧遮断装置に関する主な事項は次のとおりである。

①高圧遮断装置の作動圧力は、高圧部に取り付けられた安全弁の吹始め圧力の最低値以下の圧力であって、かつ、高圧部の許容圧力以下に設定しなければ

ならない。

②高圧遮断装置は、安全確認して復帰させるため、原則として手動復帰式とする。

高圧遮断装置は、原則として、作動圧力以下になっても自動では復帰しないようにし、人間が安全確認してから手動で復帰する手動復帰式とする。

液封防止装置

液封(えきふう)とは、液配管など蒸気空間がない液だけが存在する箇所で、両端が止め弁で封鎖されたときに、周囲からの熱の侵入により内部の冷媒液が熱膨張し、著しく高圧になるような異常現象である。液封防止装置に関する主な事項は次のとおりである。

①液封により配管や弁が破壊、破裂することがある。
②液封は、低圧側液配管で発生することが多い。
③液封は弁の操作ミスなどが原因になることが多い。
④液封のおそれのある部分（銅管および外径26mm未満の鋼管は除く）には、安全装置（溶栓を除く）を取り付けることと規定されている。

液体は気体のように圧縮性がないので、密封された状態で熱膨張すると著しく圧力が上昇する。また溶栓は、温度により作動するので、低温である低圧側液配管において発生する液封の防止対策にならないんだ。

ガス漏えい検知警報設備

可燃性ガス、毒性ガスまたは特定不活性ガスの製造施設には、漏えいしたガスが滞留するおそれがある場所に、ガス漏えい検知警報設備を設けることが規定されている。

また施設基準における冷媒ガスの限界濃度とは、冷媒ガスが室内に漏えいしたときに、人間が**失神**や重大な障害を受けることなく、**緊急**の処置をとったうえで自らも**避難**できる程度を基準とした濃度をいう。

つまり限界濃度とは、緊急処置して避難できる限界の冷媒ガスの濃度なのね！

Step3 暗記 何度も読み返せ！

- □ 安全弁は作動圧力を設定した後、[封印] できる構造でなければならない。
- □ 安全弁の止め弁は修理等のとき以外は常時 [開] とし、「常時 [開]」の表示をしなければならない。
- □ [破裂板] と [溶栓] は、可燃性ガスまたは毒性ガスに使用できない。
- □ 溶栓の溶融温度は原則として [75] ℃以下である。
- □ 溶栓は、[高温] の圧縮機 [吐出し] 蒸気で [加熱] される部分や [水冷] 凝縮器の [冷却水] で [冷却] される部分に取付けてはならない。
- □ 高圧遮断装置は、原則として [手動] 復帰式とする。
- □ 液封は、[低圧] 側 [液] 配管で弁の [操作ミス] などが原因で発生することが多い。
- □ 液封のおそれのある部分（[銅] 管および外径 [26] mm未満の [鋼] 管は除く）には、安全装置（[溶栓] を除く）を取り付けることと規定されている。
- □ 冷媒ガスの [限界] 濃度とは、冷媒ガスが室内に漏えいしたときに、人間が [失神] や重大な障害を受けることなく、[緊急] の処置をとったうえで自らも [避難] できる程度を基準とした濃度をいう。

燃えろ! 演習問題

問題

次の文章の正誤を答えよ。

01 ヒートポンプ装置の実際の成績係数＝実際の冷凍装置の成績係数＋１という式が成り立つ。

02 蒸発温度が低下すると凝縮負荷が増加する。凝縮温度が上昇すると凝縮負荷が増加する。

03 冷却管に水あかが付着すると熱通過率が減少して凝縮温度が上昇し、圧縮動力が減少する。

04 アプローチは「冷却水の冷却塔出口水温－周囲空気の乾球温度」で表される。

05 クーリングレンジは「冷却水の冷却塔入口水温－冷却水の冷却塔出口水温」で表される。

06 「冷凍能力＝熱通過率×伝熱面積×被冷却物と冷媒との平均温度差」という式が成り立つ。

07 蒸発器における被冷却物と冷媒との平均温度差は、冷蔵用の空気冷却器では通常15～20K程度、空調用では5～10K程度である。

08 蒸発器における被冷却物と冷媒との平均温度差が小さすぎると、蒸発温度を低くする必要があるので、圧縮機の冷凍能力と装置の成績係数が低下する。

09 乾式蒸発器とは、冷媒液と冷媒蒸気が混相した状態で入り、過熱冷媒蒸気として出ていく。

10 蒸発器には熱伝達率を向上させるために、直線状に流れるようにバッフルプレート（邪魔板）が設置されている。

11 冷媒液ポンプは低圧受液器の液面よりも充分高い位置に設置する必要がある。

12 満液式蒸発器の平均熱通過率は乾式蒸発器よりも小さくなる。

13 蒸発器のホットガス方式による除霜は霜が厚くなってから実施する。

14 内部均圧形温度自動膨張弁は圧力損失が小さい場合に使用される。外部均圧形温度自動膨張弁は圧力損失が大きい場合に使用される。

15 ガスチャージ方式は、膨張弁本体やダイヤフラム受圧部の温度が感温筒温度よりも低くなっても膨張弁は正常に作動することができる。液チャージ方式は、弁本体やダイヤフラム受圧部の温度を常に感温筒温度よりも高くしておかないと膨張弁を正常に作動させることができない。

16　感温筒は、蒸発器出口配管と外部均圧管の接続部の下流側に取り付ける。

17　感温筒が冷媒管から外れると温度自動膨張弁が大きく開いて液戻りが生じる。

18　温度自動膨張弁の容量が蒸発器の容量に対し過大な場合、ハンチング現象を生じやすくなる。

19　電磁弁は、通電すると弁を閉止し、電源を切ると弁を開放する。

20　低圧圧力スイッチのディファレンシャルを小さくし過ぎるとハンチングが発生し、圧縮機の電動機の焼損の原因になる。

21　冷媒液出口管は高圧受液器の下部に接続し、下部から冷媒液を出すようにする。

22　低圧受液器は、液面レベルを確保するために液面位置の制御が不要である。

23　フルオロカーボン冷媒の場合は、油分離器で分離された冷凍機油は圧縮機に自動返油される。アンモニア冷媒の場合は吐出ガス温度が低く、分離された油が劣化するので、圧縮機に自動返油されず油溜めに抜き取る。

24　アンモニア冷媒の冷凍装置では、圧縮機の吸込み蒸気過熱度の減少にともない、吐出しガス温度の上昇が著しいので液ガス熱交換器は使用しない。

25　乾燥剤には、水分を吸着しても化学変化を起こさない、砕けにくい性質が求められる。

26　サイトグラスは冷媒の流れの状態を目視するためのものであり、また冷媒をチャージ（充填（じゅうてん））するときの冷媒充填量や冷媒中の水分含有量からフィルタドライヤの交換時期などを判断するためのものである。

27　フルオロカーボン冷媒の冷媒配管には、2%を超えるマグネシウムを含有したアルミニウム合金を使用してはならない。

28　アンモニア冷媒の冷媒配管には、銅および真ちゅうなどの銅合金を使用しなければならない。

29　冷媒配管のろう付け作業においては、配管内に窒素ガスを流す窒素ブローを行い、配管内に酸化被膜を形成させるようにする。

30　冷媒配管の管径は、冷凍機油を圧縮機に戻せるようなガス速度を確保し、かつ、過大な圧力降下と異常な騒音を生じないガス速度に抑える。

31　冷媒配管は、圧縮機停止中に冷媒配管内で凝縮した冷媒液や冷凍機油が圧縮機に逆流しないようにする。

32　フラッシュガスの原因は、冷媒温度が飽和温度以上になる。冷媒圧力が飽和圧力以下になる。立ち上がり部の高さにより冷媒圧力が飽和圧力以上に上がる等が挙げられる。

33 フラッシュガスの影響により、膨張弁の冷媒流量が減少し、冷凍能力が減少する。

34 冷媒配管表面の結露や着霜の防止、吸込み蒸気温度の低下防止のため防熱する。

35 容量制御を行う圧縮機の吸込み管には、重負荷時においても油戻しできる流速を確保するために二重立上り管が設けられる。

解答・解説

01 ○

02 ○

03 ×：冷却管に水あかが付着すると熱通過率が減少して凝縮温度が上昇し、圧縮動力が**増加**する。

04 ×：アプローチ＝冷却水の冷却塔出口水温－周囲空気の**湿球**温度

05 ○

06 ○

07 ×：蒸発器における被冷却物と冷媒との平均温度差は、冷蔵用の空気冷却器では通常**5～10K**程度、空調用では**15～20K**程度である。

08 ×：蒸発器における被冷却物と冷媒との平均温度差が**大きすぎる**と、蒸発温度を低くする必要があるので、圧縮機の冷凍能力と装置の成績係数が低下する。

09 ○

10 ×：蒸発器には熱伝達率を向上させるために、**迂回**して流れるようにバッフルプレート（邪魔板）が設置されている。

11 ×：冷媒液ポンプは低圧受液器の液面よりも充分**低い**位置に設置する必要がある。

12 ×：満液式蒸発器の平均熱通過率は乾式蒸発器よりも**大きく**なる。

13 ×：蒸発器のホットガス方式による除霜は霜が**厚くなる前**に実施する。

14 ○

15 ×：**液**チャージ方式は、膨張弁本体やダイヤフラム受圧部の温度が感温筒温度よりも低くなっても膨張弁は正常に作動することができる。**ガス**チャージ方式は、弁本体やダイヤフラム受圧部の温度を常に感温筒温度よりも高くしておかないと膨張弁を正常に作動させることができない。

16 ×：感温筒は、蒸発器出口配管と外部均圧管の接続部の上流側に取り付ける。

17 ○

18 ○

19 ×：電磁弁は、通電すると弁を開放し、電源を切ると弁を閉止する。

20 ○

21 ○

22 ×：低圧受液器は、液面レベルを確保するために液面位置の制御が必要である。

23 ×：フルオロカーボン冷媒の場合は、油分離器で分離された冷凍機油は圧縮機に自動返油される。アンモニア冷媒の場合は吐出ガス温度が高く、分離された油が劣化するので、圧縮機に自動返油されず油溜めに抜き取る。

24 ×：アンモニア冷媒の冷凍装置では、圧縮機の吸込み蒸気過熱度の増大にともない、吐出しガス温度の上昇が著しいので液ガス熱交換器は使用しない。

25 ○

26 ○

27 ○

28 ×：アンモニア冷媒の冷媒配管には、銅および真ちゅうなどの銅合金を使用してはならない。

29 ×：冷媒配管のろう付け作業においては、配管内に窒素ガスを流す窒素ブローを行い、配管内に酸化被膜を形成させないようにする。

30 ○

31 ○

32 ×：フラッシュガスの原因は、冷媒温度が飽和温度以上になる。冷媒圧力が飽和圧力以下になる。立ち上がり部の高さにより冷媒圧力が飽和圧力以下に下がる等が挙げられる。

33 ○

34 ×：冷媒配管表面の結露や着霜の防止、吸込み蒸気温度の上昇防止のため防熱する。

35 ×：容量制御を行う圧縮機の吸込み管には、軽負荷時においても油戻しできる流速を確保するために二重立上り管が設けられる。

第3章

安全・運転・保守

アクセスキー　9
（数字のきゅう）

重要度：🔥

No.
13
/31

材料の強さ・圧力容器

引張応力、圧縮応力、材料記号、低温脆性、設計圧力、許容圧力、高圧部と低圧部の区分、円筒胴圧力容器に発生する応力、必要な板厚、溶接継手の効率、腐れしろ、鏡板などについて学習しよう。

Step1 図解 目に焼き付けろ！

円筒胴圧力容器の鏡板

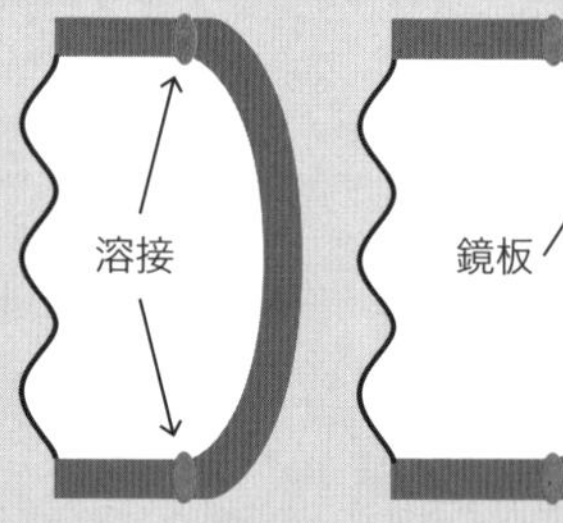

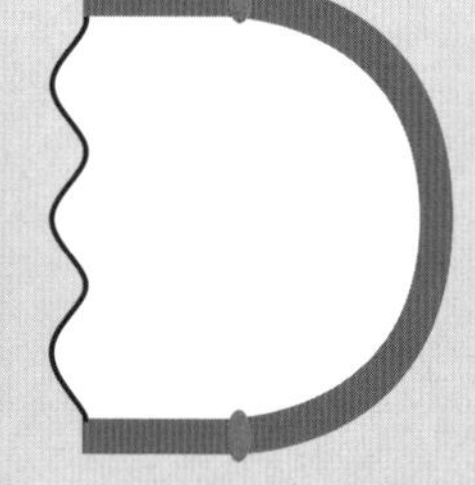

弱　強度　強

鏡板は、形状が球に近づくにつれて強度が大きくなり、板厚を薄くすることができるぞ！

Step2 解説 爆裂に読み込め！

材料の強さ

◆引張応力と圧縮応力

材料の内部に働く力による作用を応力(おうりょく)という。応力には、材料を引っ張る方向に作用する**引張応力**(ひっぱりおうりょく)と、材料を圧縮する方向に作用する**圧縮応力**がある。圧力容器の耐圧強度に関係する応力は、一般に**引張応力**である。

したがって圧力容器は、規格に定められている材料の引張強さの**1/4**を許容引張応力として設計される。材料の引張**強さ**と許容引張応力の関係は次式のとおりである。

$$許容引張応力 \leqq \frac{材料の引張強さ}{4}$$

圧力容器とは、容器内部に大気圧と異なる圧力を有する容器をいう。

◆フルオロカーボン冷媒と材料の選定

前述したとおり、フルオロカーボン冷媒は、2%を超える**マグネシウム**を含有する**アルミニウム**合金に対して腐食性がある。その他、フルオロカーボン冷媒は、プラスチック、ゴムなどの有機物を**溶解**したり、他の材料に浸透して**膨潤**させたりするので、材料の選定に注意が必要である。

◆材料記号

材料記号とはJIS（日本産業規格）において定められている記号をいう。材料記号は記号に続いて**最小**引張(ひっぱり)強さを表す数字を付して表記される。例えば、溶接構造用圧延鋼材(あつえんこうざい)SM400Bの**最小**引張強さは**400**N/mm²である。したがって、溶接構造用圧延鋼材SM400Bの**許容**引張応力(ひっぱりおうりょく)は、**1/4**を乗じて400×（1/4）＝100N/mm²となる。

応力とは断面積当たりに作用する力であり、単位は［N/mm^2］で表されるぞ。

◆低温脆性

一般の鋼材は低温で脆くなるが、この現象を低温脆性（ぜいせい）という。脆性とはもろい性質のことをいう。低温脆性に関する主な事項は次のとおりである。

図13-1：低温脆性の流れ

低温脆性による破壊は、低温環境下で材料に切欠き（きりかき）などの欠陥があり、さらに材料に引張りまたはこれに似た応力がかかっている状態で、衝撃荷重が引き金になって、降伏点以下の低荷重のもとでも突発的・瞬間的に発生する。

降伏点とは、引張り試験において、荷重を取り除いても材料が元に戻らなくなる応力をいうぞ。

設計圧力と許容圧力

◆高圧部と低圧部の区分

冷凍装置は圧力により高圧部と低圧部に区分され、区分ごとに設計圧力が規定されている。冷凍装置の高圧部と低圧部の区分は次のとおりである。

①一段圧縮の冷凍装置の区分

- 高圧部：圧縮機から吐き出された冷媒が膨張弁に到達するまでの間
- 低圧部：膨張弁で蒸発圧力まで減圧された冷媒が圧縮機に吸い込まれるまでの間

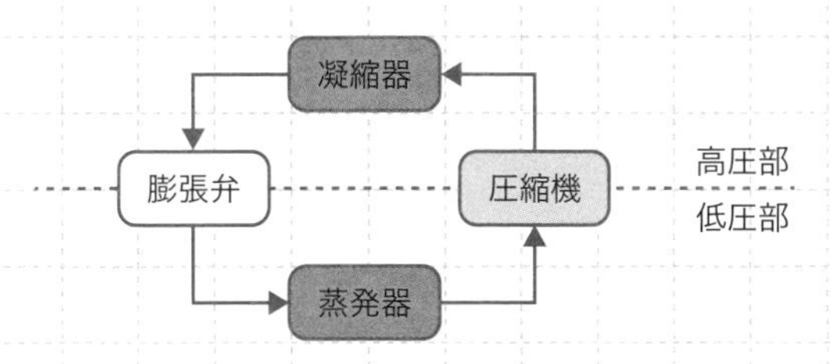

図13-2：冷凍サイクルの高圧部と低圧部

②二段圧縮の冷凍装置の区分

- 高圧部：高圧段の圧縮機（高段圧縮機）の吐出し圧力以上の圧力を受ける部分
- 低圧部：高圧部以外の部分

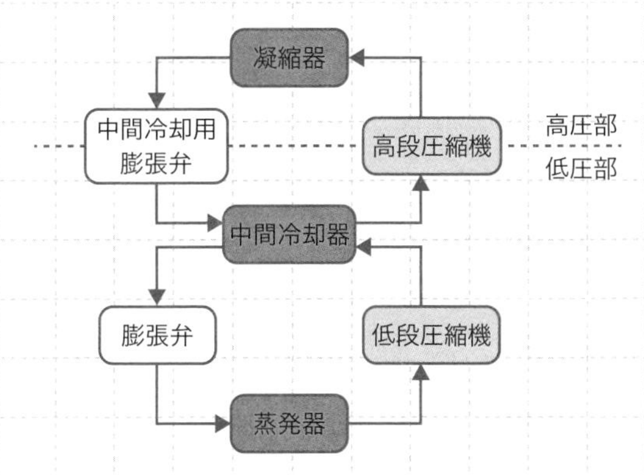

図13-3：二段圧縮冷凍サイクルの高圧部と低圧部

一段圧縮も二段圧縮も高圧部と低圧部の2つに区分されている。「二段圧縮は高圧、中圧、低圧の3つに区分されている。」などと誤った選択肢が出題されているので間違えないように気を付けよ！

◆設計圧力

設計圧力とは、圧力容器の設計において、各部の必要厚さや耐圧強度を決定するときに用いる圧力をいう。設計圧力は、基準表に記載のある冷媒の場合と基準表に記載のない冷媒で定め方が異なり、次のとおりである。

①基準表に記載のある冷媒の冷凍装置の設計圧力

- 高圧部の設計圧力は基準凝縮温度によって区分される。
- 冷凍装置の凝縮温度が基準凝縮温度以外のときは、最も近い上位の温度に対応する圧力とする。
- 通常の運転状態で凝縮温度が65℃を超える場合は、その最高使用温度における冷媒の飽和蒸気圧力以上とする。

②基準表に記載のない冷媒の冷凍装置の設計圧力

高圧部設計圧力	低圧部設計圧力
次のうちいずれか最も高い圧力以上 ●通常の運転状態中に予想される当該冷媒ガスの最高使用圧力 ●停止中に予想される最高温度により生じる当該冷媒ガスの圧力 ●当該冷媒ガスの43℃の飽和圧力	次のうちいずれか最も高い圧力以上 ●通常の運転状態中に予想される当該冷媒ガスの最高使用圧力 ●停止中に予想される最高温度により生じる当該冷媒ガスの圧力 ●当該冷媒ガスの38℃の飽和圧力

設計圧力は、その部分に発生する最高圧力に耐えられるように設計しようぜということだから、できるだけ大きく見込んだ方が望ましいんだ。

◆許容圧力

許容圧力は、冷媒設備において現に許容しうる最高の圧力であって、次のいずれか低いほうの圧力をいう。

①設計圧力
②腐れしろを除いた板厚に対応する圧力

腐れしろとは、金属材料が腐食により減肉する分を予め見込んでおく板厚をいう。

許容圧力は、耐圧試験圧力と気密試験圧力の基準であり、安全装置の作動圧力の基準でもある。

許容圧力とは、その設備が実際に許容できる圧力だから、できるだけ小さく見込んだ方が望ましいんですね。

圧力容器

◆円筒胴圧力容器に発生する応力

冷凍装置の圧力容器は円筒形の**胴**と胴の両端をふさぐ**鏡板**（かがみいた）で構成される。円筒胴圧力容器に発生する応力に関する主な事項は次のとおりである。

①円筒胴の**接線**方向に作用する応力と円筒胴の**長手**（ながて）方向に発生する応力がある。
②円筒胴の接線方向に作用する応力、円筒胴の長手方向に発生する応力ともに、**圧力**と**内径**に比例し、**板厚**（いたあつ）に反比例する。

$$円筒胴に発生する応力 \propto \frac{圧力 \times 内径}{板厚}$$

③円筒胴の**接線**方向の引張応力は、長手方向の**引張**応力の2倍である。

円筒胴の接線方向の引張応力 ＝ 2 × 円筒胴の長手方向の引張応力

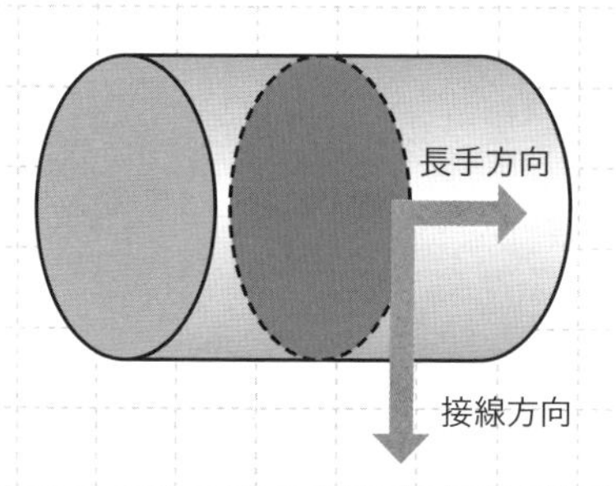

図13-4：円筒胴の引張応力

円筒胴に生じる引張応力は接線方向が最大になるので、円筒胴に必要な板厚を求めるときには、接線方向の応力を考えればよいのだ。

◆円筒胴に必要な板厚、溶接継手の効率、腐れしろ

(1) 円筒胴に必要な板厚

円筒胴に必要な板厚は、次の項目から算定するよう規定されている。

①設計圧力
②内径
③材料の許容引張応力
④溶接継手の効率
⑤腐れしろ

円筒胴に必要な板厚は、円筒胴の直径が大きいほど、内圧が高いほど、厚くする必要がある。このことも覚えておこう！

(2) 溶接継手の効率

円筒胴は鋼板を溶接して製造される。溶接継手の効率とは、溶接による継手の強度の母材に対する効率をいう。溶接継手の効率は、次の項目による区分により規定されている。

①溶接継手の種類
②溶接継手の形状
③溶接部の全長に対する放射線透過試験を行った部分の長さの割合

放射線透過試験とは、X線やガンマ線による試験をいう。

(3) 腐れしろ

腐れしろとは、金属材料が腐食により減肉する分を予め見込んでおく板厚をいう。圧力容器に使用する鋼材の腐れしろは、材質、使用条件により区分されている。また、鋳鉄、鋼、ステンレス鋼の圧力容器にも、腐れしろを設ける必要がある。

鋳鉄、鋼、ステンレス鋼以外にも、銅、アルミニウムにも腐れしろを設ける必要がある。

円筒胴圧力容器の鏡板

鏡板とは、円筒胴の両端部をふさぐ板をいう。鏡板には、さら形、半だ円形、半球形などの形状がある。鏡板に関する主な事項は次のとおりである。

①**さら形**、**半だ円形**、**半球形**の順に板厚を薄くすることができ、**半球形**が最も薄くすることができる。
②さら形鏡板の形状や板厚が急変する部分などに**応力集中**が発生しやすい。

Step3 暗記 何度も読み返せ！

□ 圧力容器の耐圧強度に関係する応力は、一般に［引張］応力である。

［許容］引張応力 ≦ $\dfrac{\text{材料の引張［強さ］}}{[4]}$

□［低］温［脆］性による破壊は、［突発］的・［瞬間］的に発生する。

□ 基準表に記載のある冷媒の冷凍装置の設計圧力

冷凍装置の［凝縮］温度が基準［凝縮］温度以外のときは、最も近い［上］位の温度に対応する圧力とする。

□ 基準表に記載のない冷媒の冷凍装置の設計圧力

高圧部設計圧力	低圧部設計圧力
次のうちいずれか最も［高い］圧力以上 ①通常の運転状態中に予想される当該冷媒ガスの［最高］使用圧力 ②停止中に予想される［最高］温度により生じる当該冷媒ガスの圧力 ③当該冷媒ガスの［43］℃の飽和圧力	次のうちいずれか最も［高い］圧力以上 ①通常の運転状態中に予想される当該冷媒ガスの［最高］使用圧力 ②停止中に予想される［最高］温度により生じる当該冷媒ガスの圧力 ③当該冷媒ガスの［38］℃の飽和圧力

□ 許容圧力は、冷媒設備において現に許容しうる［最高］の圧力であって、次のいずれか［低い］ほうの圧力をいう。

①［設計］圧力

②［腐れ］しろを除いた板厚に対応する圧力

□ 円筒胴に発生する応力 ∝ $\dfrac{\text{［圧力］}\times\text{［内径］}}{\text{［板厚］}}$

□［ステンレス］鋼の圧力容器にも、腐れしろを設ける必要がある。

□［さら］形、［半だ円］形、［半球］形の順に板厚を薄くすることができ、［半球］形が最も薄くすることができる。

重要度：🔥🔥🔥

No. 14 /31 据付・試運転

機器の据付（コンクリート基礎、防振支持）、冷凍装置の試運転（耐圧試験、気密試験、真空試験、冷凍機油の充填、冷媒の充填、点検、始動試験）などについて学習しよう。

Step1 図解 目に焼き付けろ！

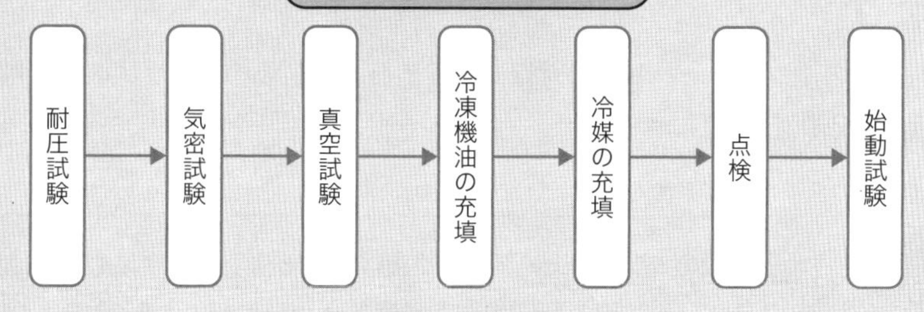

冷凍装置の試運転のフローは次のとおりだ！
①配管以外の圧縮機、圧力容器、ポンプの耐圧試験
②配管を含むすべての部分の気密試験
③漏れの有無と水分の除去のための真空試験
④冷凍機油の充填
⑤冷媒の充填
⑥電力系統、制御系統、冷却水系統などの点検
⑦始動試験を行い異常の有無を確認する
特に耐圧⇒気密⇒真空の順番はよく問われるぞ。

Step 2 解説 爆裂に読み込め！

機器の据付

機器の据付（すえつけ）についてはコンクリート基礎と防振支持（ぼうしんしじ）について出題される。概要は次のとおりである。

◆コンクリート基礎

コンクリート基礎とは、機器などの重量を支えるために機器の下に据え置かれるコンクリート構造物をいう。コンクリート基礎に関する主な事項は次のとおりである。

①圧縮機は**加振**（かしん）力（振動により加えられる力）による**動**荷重（どうかじゅう）（運動する物体が構造物に与える荷重）も考慮して、十分に**質量**のあるコンクリート基礎に固定する。
②圧縮機のコンクリート基礎の**質量**は、圧縮機、電動機などの駆動機の**質量**の合計の**2～3**倍程度とする。

圧縮機のコンクリート基礎の質量は、圧縮機の質量分だけでは足りない。その2～3倍の質量を見込む必要がある。このこともよく問われるので押さえておこう。

◆防振支持

防振支持とは、圧縮機のような振動発生機器から他の構造物に振動が伝わらないようにする支持方法をいう。防振支持に関する主な事項は次のとおりである。

①圧縮機と床の間に防振**ゴム**、**ばね**、**ゴム**パッドなどを入れる。
②圧縮機の**吸込み**管や**吐出し**管に**可とう**（か）管（フレキシブルチューブ）を挿入する。
吸込み蒸気配管の**可とう**管表面が**氷結**して**可とう**管が破損するおそれのある

ときは、**可とう**管をゴムで被覆し断熱する。

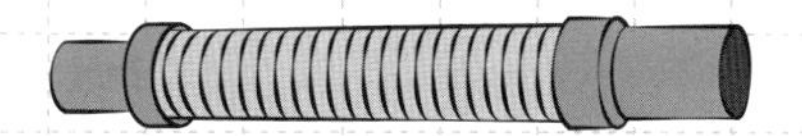

図14-1：可とう管

可とう管は、吐き出し管にも吸込み管にも設ける必要がある。そして氷結が問題になるのは、低温になる吸込み管だ。

試験

冷凍装置の試験には耐圧試験、気密試験、真空試験、試運転がある。概要は次のとおりである。

◆耐圧試験

耐圧試験とは、**配管**以外の部分である圧縮機、圧力容器、冷媒液ポンプ、潤滑油ポンプなどについて行う耐圧強度の確認試験である。耐圧試験に関する主な事項は次のとおりである。

①**耐圧**強度の確認試験である。
②**配管**部分は含まれない。
③**組立て品**または**部品**ごとに行ってもよい。
④一般に、破壊しても危険が少ない**液体**で行う。
⑤**液体**で行うことが困難な場合は**空気**、**窒素**などの**気体**で行うことも認められている。
⑥耐圧試験の圧力は次のとおりである。

- 液体で行う場合
  設計圧力または**許容**圧力のいずれか**低い**ほうの圧力の**1.5**倍以上
- 気体で行う場合
  設計圧力または**許容**圧力のいずれか**低い**圧力の**1.25**倍以上

耐圧試験の圧力は「いずれか低いほうの圧力」となっている。高い方ではないので気をつけよう！

◆気密試験

気密試験は、耐圧試験の後に気密の性能を確かめるために行う。気密試験に関する主な事項は次のとおりである。

①気密試験のフローは次のとおりである。

- 耐圧試験に合格した容器等に対する気密試験
- 容器等を配管で接続し、装置全体に対する気密試験

②容器等に対する試験は**組み立て**た状態で行う。
③漏れを確認しやすいように**ガス**圧で行う。
④試験に使用するガスは**空気**または**不燃性**ガスとし、**酸素**ガスや**毒性**ガス、**可燃性**ガスを使用してはならない。
⑤試験に使用するガスは、一般には、乾燥**空気**、**窒素**ガス、**炭酸**ガスが用いられるが、**アンモニア**冷凍装置の気密試験には、**炭酸**アンモニウムの粉末が生成されるので、**炭酸**ガスを使用してはならない。
⑥試験に空気圧縮機を使用して圧縮空気を供給する場合は、冷凍機油の劣化などに配慮し、吐出し空気の温度は**140℃**以下とする。
⑦試験の方法は、被試験品内のガス圧力を気密試験圧力に保った後に、**水中**に入れるか、外部に**発泡**液を塗布して**泡**の発生がないことなどを確認する。
⑧内部に圧力のかかった状態で、**つち**打ち（ハンマーで打撃すること）をしたり、**衝撃**を与えたり、**溶接**補修などの**熱**を加えたりしてはならない。

吐出し空気の温度の140℃以下は「吐出し温度は140℃まではいいよ。」と覚えよ！

◆真空試験

真空試験は、冷凍装置の微量の**漏れ**の確認と**水分**の除去を目的に行う試験をいう。微量の**漏れ**の確認は、真空放置試験により真空圧力の変化を測定して行う。**水分**の除去は、真空ポンプにより圧力を低下させて**水分**を**蒸発**しやすくする真空乾燥により行う。真空試験に関する主な事項は次のとおりである。

①法に定められて**いない**。
②真空試験を行う前に必ず**気密**試験を実施しておかなければならない。
③真空試験では、装置全体からの微量の**漏れ**は発見できるが、**場所**を特定することはできない。
④真空放置試験は、**数時間**から**一昼夜**程度の十分**長い**時間をかけて確認する必要がある。
⑤真空圧力の測定には、**連成**計（大気圧未満・大気圧以上兼用の圧力計）では正確な真空の数値が読み取れないので、必ず**真空**計（大気圧以下専用の圧力計）を用いて行う。
⑥装置内に残留**水分**があると真空になりにくいので、必要に応じて、**水分**の残留しやすい場所を**加熱**（120℃以下）するとよい。

真空試験時の加熱温度は120℃以下だ。気密試験の吐出し空気温度の数値と違うので間違えないようにしよう！

◆試運転

試運転の手順には、冷凍機油の充填、冷媒の充填、始動試験がある。試運転に関する主な事項は次のとおりである。

(1) 冷凍機油の充填

冷凍機油の充填に関する主な事項は次のとおりである。

①**真空乾燥**が終わってから冷凍機油を充填する。
②**水分**を含まない冷凍機油を充填する。
③冷凍機油の選定は、圧縮機の種類、冷媒の種類、**蒸発**温度に注意して行う。
④一般には、**メーカ**の指定した冷凍機油を使用する。
⑤高速回転し軸受にかかる荷重の小さい圧縮機には、粘度の**低い**冷凍機油を用いる。

(2) 冷媒の充填

冷媒の充填に関する主な事項は次のとおりである。

①**冷凍機油**や**水分**の混入したものは避ける。
②冷媒の充填方法は次のとおりである。

- 小形の装置

高圧と低圧の両方の操作弁から**蒸気状**の冷媒を充填する。

- 中大形の装置

受液器または受液器兼用の凝縮器の冷媒液出口弁を**閉止**し、圧縮機を**運転**しながら、冷媒チャージ弁から**液状**の冷媒を充填する。

③非共沸混合冷媒を充填する場合には、**蒸気**状態で充填すると混合比が変わってしまうので、必ず**液**状態で充填する。

(3) 始動試験

耐圧試験、気密試験、真空試験、冷凍機油・冷媒充填後、電力系統・制御系統・冷却水系統等を十分に**点検**してから**始動**試験を行う。

その他、冷媒の充填では、圧縮機の吐出し管の過熱や過充填にならないよう注意する必要があることも覚えておこう。

冷凍装置の試運転のフローは覚えておこう。特に耐圧⇒気密⇒真空の順番はよく問われる。次の語呂で覚えよう。

唱えろ！ゴロあわせ

■試運転の順番（耐圧⇒気密⇒真空）

大変愛しています。
耐圧

君と真剣に付き合いたい。
気密　真空

Step3 暗記 何度も読み返せ！

- □ 圧縮機のコンクリート基礎の［質量］は、圧縮機、電動機などの駆動機の［質量］の合計の［2］～［3］倍程度とする。
- □ 耐圧試験の圧力は次のとおりである。
  液体で行う場合
  ［設計］圧力または［許容］圧力のいずれか［低い］ほうの圧力の［1.5］倍以上
  気体で行う場合
  ［設計］圧力または［許容］圧力のいずれか［低い］圧力の［1.25］倍以上
- □ ［アンモニア］冷凍装置の気密試験には、［炭酸］アンモニウムの粉末が生成されるので、［炭酸］ガスを使用してはならない。
- □ 気密試験に空気圧縮機を使用して圧縮空気を供給する場合は、冷凍機油の劣化などに配慮し、吐出し空気の温度は［140］℃以下とする。
- □ 真空試験では、装置全体からの微量の［漏れ］は発見できるが、［場所］を特定することはできない。
- □ 真空試験時、装置内に残留［水分］があると真空になりにくいので、必要に応じて、［水分］の残留しやすい場所を［加熱］（［120］℃以下）するとよい。
- □ 中大形の装置の冷媒の充填方法は、受液器または受液器兼用の凝縮器の冷媒液出口弁を［閉止］し、圧縮機を［運転］しながら、冷媒チャージ弁から［液］状の冷媒を充填する。
- □ 非共沸混合冷媒を充填する場合には、［蒸気］状態で充填すると混合比が変わってしまうので、必ず［液］状態で充填する。

重要度：🔥🔥🔥

No. 15 /31

冷凍装置の運転

冷凍装置の運転（運転準備、運転開始、運転停止、運転休止）、冷凍装置の運転管理（運転状態の変化、運転時の点検、装置内の水分・不凝縮ガス）などについて学習しよう。

Step1 図解 目に焼き付けろ！

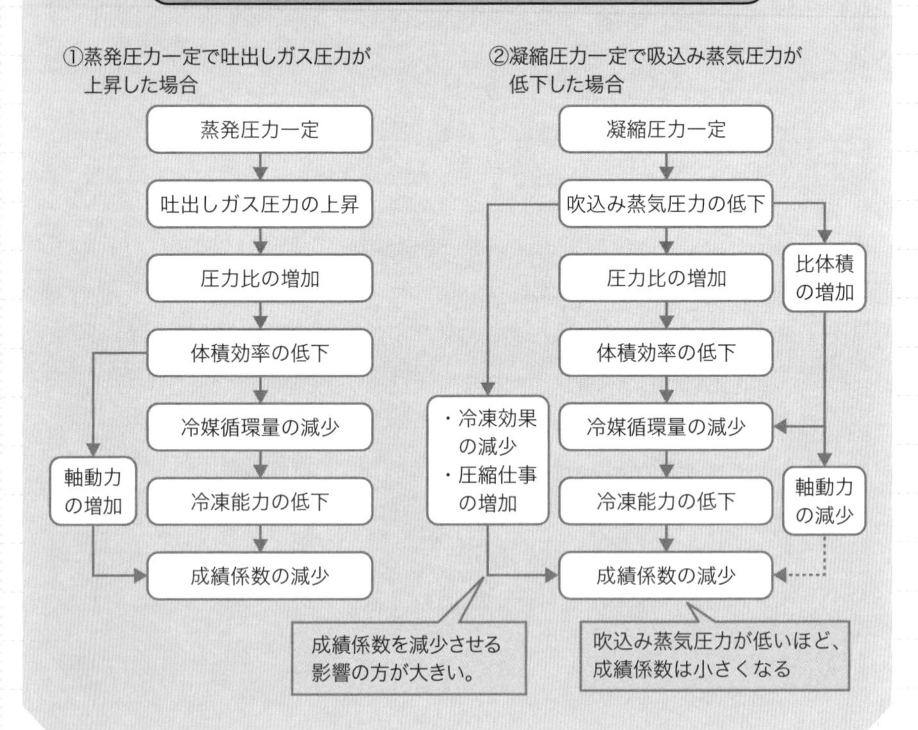

Step2 解説 爆裂に読み込め！

➔ 冷凍装置の運転

冷凍装置の運転については、運転準備、運転開始、運転停止、運転休止の各段階で実施する内容を次に示す。

◆運転準備

冷凍装置の運転準備時に行う主な事項は、次のとおりである。

①圧縮機クランクケースの冷凍機油の油面の**高さ**、清浄さを点検する。
②凝縮器と油冷却器などの冷却水出入口弁を開く。
③冷媒系統の各弁（特に**安全**弁の元弁）が開であるか、閉であるか確認し、吸込み弁を除く運転中に**開いて**おくべき弁を**開き**、**閉じて**おくべき弁を**閉じる**。
④起動時のオイルフォーミングを防止するために油温を周囲温度以上に維持する必要があるので、クランクケース**ヒータ**の**通電**を確認する。油温が異常に低いときは**冷媒液**が混入しているおそれがある。
⑤**電磁**弁の作動、操作回路の**絶縁**低下、電動機の**始動**状態を確認する。ただし**毎日**運転する冷凍装置の開始前には省略できる場合がある。

電磁弁の作動、操作回路の絶縁低下、電動機の始動状態の確認は、毎日運転する冷凍装置の開始前には省略できる場合があるが、長時間運転停止後の運転開始前には実施する必要があるぞ！

◆運転開始

冷凍装置の運転開始時に行う主な事項は、次のとおりである。

①吐出し側弁が全**開**であることを確認してから圧縮機を始動する。次に、吸込み側弁を**徐々**に全**開**になるまで**開く**。
②液配管に**サイトグラス**がある場合には、配管内に**気泡**が発生していないか確

認する。

吐出し側弁を閉じたまま圧縮機を運転すると圧縮機破壊事故になるぞ。また、吸込み側弁を急激に全開にすると液戻りが起きやすいので、徐々に全開にする必要がある。

◆運転停止

冷凍装置の運転停止時に行う主な事項は、次のとおりである。

①**液封**が生じないよう、受液器液出口弁を**閉じて**しばらく**運転**してから圧縮機を停止する。
②油分離器からの返油弁を全閉とし、油分離器内の**冷媒液**が**圧縮機**に戻るのを防止する。

◆運転休止

冷凍装置を長期間休止させる場合の主な事項は、次のとおりである。

①低圧側の冷媒を**受液器**に回収する。装置に漏れがあったとき装置内に空気を吸い込まないよう、低圧側と圧縮機内には大気圧より少し**高い**ガス圧力を残しておく。
②各部の止め弁を**閉じ**、弁にグランド部（弁棒の貫通部）があるものは**締めて**おく。ただし、安全弁の元弁は**閉じて**はならない。
③冷媒系統全体の**漏れ**を点検する。**漏れ**箇所を発見したら、完全に修理を行う。

低圧側にある冷媒液を受液器等に冷媒液として回収することをポンプダウンというぞ。

➡冷凍装置の運転管理

冷凍装置の運転管理については、運転状態の変化、運転時の点検、装置内の水分・不凝縮ガスに関する事項を次に示す。

◆運転状態の変化

運転状態の変化については、冷蔵庫の負荷が増減したときと冷蔵庫の蒸発器に着霜したときの変化を示す。

(1) 冷蔵庫の負荷が増加した場合

冷蔵庫に温度の高い品物が入って負荷が増加したときの変化は次のとおりである。

①負荷が増加し、冷蔵庫の庫内温度が**上昇**する。
②冷凍負荷が増加し、蒸発温度が**上昇**する。
③膨張弁の冷媒流量が増加し、圧縮機の吸込み圧力が**上昇**する。
④冷凍負荷の増加に伴い凝縮圧力が**上昇**する。
⑤蒸発器の空気の出入口の温度差が**増大**する。
⑥冷凍装置の冷却能力が**増加**し、庫内温度の上昇を抑える。

(2) 冷蔵庫の負荷が減少した場合

外気温度が変わらず、冷蔵庫内の品物が冷えて負荷が減少したときの変化は次のとおりである。

①負荷が減少し、冷蔵庫の庫内温度が**低下**する。
②冷凍負荷が減少し、蒸発温度が**低下**する。
③膨張弁の冷媒流量が減少し、圧縮機の吸込み圧力が**低下**する。
④凝縮負荷が減少し、凝縮圧力が**低下**する。
⑤蒸発器の空気の出入口の温度差が**減少**する。
⑥冷凍装置の冷却能力が**減少**し、庫内温度の低下を抑える。

冷蔵庫の負荷が増加したときと減少したときでは、対照的な変化になっているので、対比して覚えよう。

(3) 冷蔵庫の蒸発器に着霜したとき

冷蔵庫の蒸発器に着霜したときの変化は次のとおりである。

①着霜により空気の流れの抵抗が増加するので風量が減少し、空気側の熱伝達率が小さくなる。
②着霜により蒸発器の熱伝導抵抗が増加する。
③蒸発器の熱通過率が小さくなる。
④蒸発圧力が低下し、圧縮機の吸込み圧力が低下する。
⑤圧縮機の冷媒流量が減少し、凝縮圧力が若干低下する。
⑥冷却能力が低下し、庫内温度が上昇する。

着霜すると冷却能力が減少する。したがって着霜したら除霜する必要があるのだ。

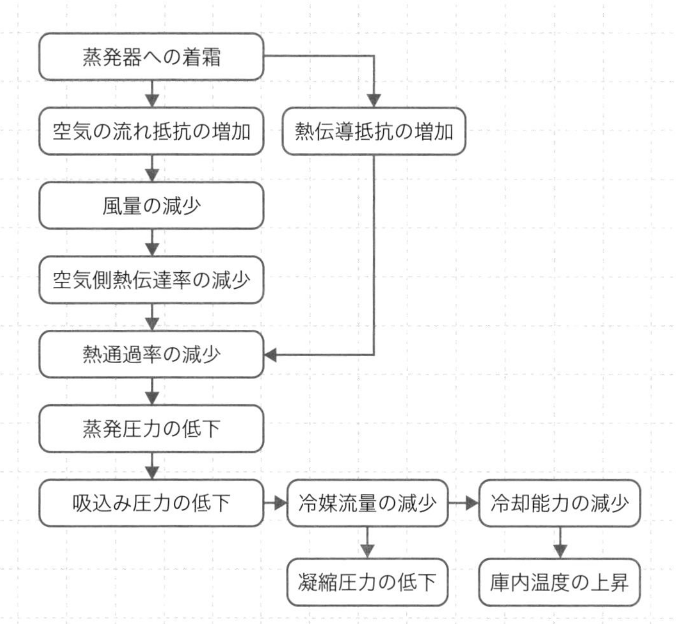

図15-1：冷蔵庫の蒸発器に着霜したときの主な変化

◆運転時の点検

運転時の点検については、圧縮機の吐出しガスの圧力・温度、圧縮機の吸込み蒸気の圧力・温度、運転時の凝縮温度と蒸発温度に関する事項を示す。

(1) 圧縮機の吐出しガスの圧力・温度

圧縮機の吐出しガスの圧力・温度に関する主な事項は次のとおりである。

■凝縮器の冷却水量の**減少**や水温が**上昇**した場合

①凝縮圧力が**上昇**する。

②圧縮機の吐き出しガス圧力が**上昇**する。

③蒸発圧力が一定のもとでは、圧力比が**増加**する。

④圧縮機の体積効率が**低下**し、冷媒循環量が**減少**する。

⑤装置の冷凍能力が**低下**する。

⑥圧縮機駆動の軸動力は**増加**し、冷凍装置の成績係数が**減少**する。

⑦吐出しガス温度が**上昇**し、冷凍機油を**劣化**させ、シリンダやピストンを**傷める**。

アンモニア冷媒の吐出しガス温度は、同じ蒸発と凝縮の温度の運転条件では、フルオロカーボン冷媒の吐出しガス温度よりかなり高くなる。このことも覚えておこう！

(2) 圧縮機の吸込み蒸気の圧力・温度

圧縮機の吸込み蒸気の圧力は、蒸発器や吸込み配管内の抵抗により、蒸発器内の冷媒の蒸発圧力よりもいくらか低い圧力になる。圧縮機の吸込み蒸気の圧力・温度に関する主な事項は次のとおりである。

■圧縮機の吸込み蒸気圧力が**低下**した場合

①凝縮圧力が一定のもとでは、圧力比が**増加**する。

②圧縮機の体積効率が**低下**し、吸込み蒸気の比体積が**増加**する。

③冷媒循環量が**減少**し、冷凍能力と圧縮機駆動の軸動力が**減少**する。

④一方、圧縮機の吸込み蒸気圧力の低下により、冷凍効果は**減少**し、圧縮仕事は**増加**する。

⑤圧縮機の吸込み蒸気圧力が低いほど、装置の成績係数は**減少**する。

圧力が低下すると比体積が増加する。比体積が増加するとガスが薄くなるので、冷媒循環量（1秒当たりの質量kg）が減少する。

(3) 凝縮温度と蒸発温度

運転時の凝縮温度と蒸発温度に関する事項は次のとおりである。

①凝縮温度

水冷凝縮器では、冷却水の出入口温度差は4～6Kで、凝縮温度は冷却水出口温度よりも3～5K高い温度を目安とする。

空冷凝縮器の凝縮温度は、外気乾球温度よりも12〜20K高い温度、蒸発式凝縮器では、外気湿球温度よりもアンモニア冷媒で約8K、フルオロカーボン冷媒で約10Kを目安にすることも押さえておこう！

②蒸発温度

冷凍装置の使用目的により蒸発温度と被冷却物温度との温度差が設定されている。設定の温度差と大きな差異がある場合は異常であると考える必要がある。冷蔵倉庫に用いられる乾式蒸発器の蒸発温度は、通常、庫内温度よりも5〜12K程度低く設定されている。

また、省エネルギーの運転をするには、蒸発温度をより高い温度に維持する必要があるが、膨張弁の開度は適切な**過熱度**を保つように調節する必要がある。

◆装置内の水分・不凝縮ガス

装置内に水分や主に空気である不凝縮ガスが混入すると冷凍装置に不具合を引き起こす。

(1) 装置内の水分

冷凍装置の水分に関する主な事項は、次のとおりである。

①アンモニア冷媒

アンモニア冷媒への水分侵入に関する事項は次のとおりである。

- アンモニアが水分をよく**溶解**してアンモニア水になるので**少量**の水分侵入は障害とならない。
- **多量**の水分侵入は、蒸発圧力の低下、冷凍機油の**乳化**による圧縮機の潤滑性能の低下などの障害をもたらす。

②フルオロカーボン冷媒

フルオロカーボン冷媒への水分侵入に関する事項は次のとおりである。

- フルオロカーボンは水をほとんど**溶解**しないので、ごく**少量**の水分であっても、低温運転時における膨張弁での**氷結**や酸性物質の生成による金属の**腐食**

などの障害をもたらす。
- 冷凍機油を乳化させ圧縮機の潤滑を阻害する。

水分は冷凍機油に対して、アンモニア冷媒だろうがフルオロカーボン冷媒だろうが乳化させて潤滑を阻害する。まさに水と油。相性が悪い！！

(2) 装置内の不凝縮ガス

冷凍装置内に不凝縮ガス（主に空気）が存在していると高圧圧力が上昇する。したがって、次のような方法で不凝縮ガスの有無を確認することができる。

①圧縮機の運転を停止する。
②凝縮器に冷却水を通水する。
③高圧圧力計の指示が冷却水温における冷媒の飽和圧力よりも高ければ、不凝縮ガスが存在していると判断できる。

不凝縮ガスの確認は、冷却水温における飽和圧力の確認により行われるの。よく問われるので間違えないようにしようね。

Step3 暗記 何度も読み返せ！

- □ 吐出し側弁が全［開］であることを確認してから圧縮機を始動する。次に、吸込み側弁を［徐々］に全［開］になるまで［開く］。
- □ ［液封］が生じないよう、受液器液出口弁を［閉じて］しばらく［運転］してから圧縮機を停止する。
- □ 冷凍装置を長期間休止させる場合、低圧側と圧縮機内には大気圧より少し［高い］ガス圧力を残しておく。
- □ 着霜により空気の流れの抵抗が増加するので風量が［減少］し、空気側の熱伝達率が［小さく］なる。
  着霜により蒸発器の熱伝導抵抗が［増加］する。
  蒸発器の熱通過率が［小さく］なる。
  蒸発圧力が［低下］し、圧縮機の吸込み圧力が［低下］する。
  圧縮機の冷媒流量が［減少］し、凝縮圧力が若干［低下］する。
  冷却能力が［低下］し、庫内温度が［上昇］する。
- □ 水冷凝縮器では、冷却水の出入口温度差は［4］～［6］Kで、凝縮温度は冷却水出口温度よりも［3］～［5］K高い温度を目安とする。空冷凝縮器の凝縮温度は、外気［乾］球温度よりも［12］～［20］K高い温度、蒸発式凝縮器では、外気［湿］球温度よりもアンモニア冷媒で約［8］K、フルオロカーボン冷媒で約［10］Kを目安とする。
- □ 圧縮機を停止し、冷却水を通水し、高圧圧力計の指示が［冷却水］温における冷媒の［飽和］圧力よりも［高け］れば、不凝縮ガスが存在していると判断できる。

重要度：🔥🔥🔥

No. 16 /31 冷凍装置の保守管理

冷凍装置の異物（水分、空気、その他の異物）の混入、冷凍機油、冷媒（冷媒充填量の不足、冷媒の過充填）、液戻り、液圧縮、液封、オイルフォーミングなどについて学習しよう。

Step1 図解 目に焼き付けろ！

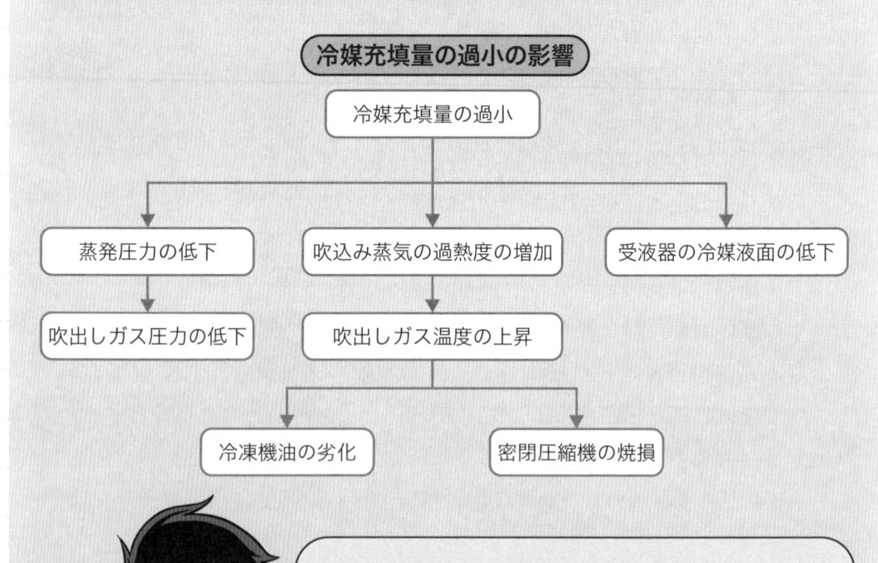

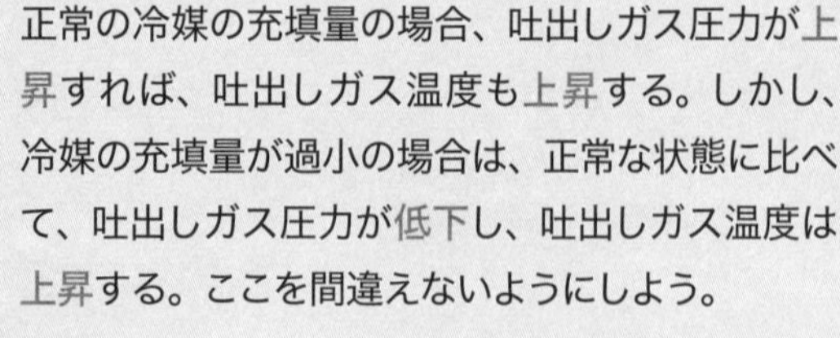

Step2 解説 爆裂に読み込め！

冷凍装置の異物の混入

冷凍装置内に混入する冷媒（れいばい）と冷凍機油以外の異物には、水分、空気、その他の異物がある。それぞれの異物の混入に関する事項は次のとおりである。

◆水分の混入

水分の混入の影響、原因、防止対策は次のとおりである。

表16-1：水分混入の影響、原因、防止対策

影響	原因	防止対策
●フルオロカーボン冷媒中での氷結 ●冷凍機油の乳化、潤滑不良	●新設、修理工事中の配管の残留水分 ●冷媒中の水分 ●冷凍機油中の水分	●施工時に真空乾燥を行う ●水分の含まない冷媒を充填する ●水分の含まない冷凍機油を使用する

◆空気の混入

冷媒系統内に空気が侵入すると不凝縮ガスとなり、凝縮圧力・凝縮温度が上昇する。不凝縮ガスに関する主な事項は次のとおりである。

①不凝縮ガスは冷媒系統から**排除**する必要がある。
②不凝縮ガスを排除する際、フロン**排出抑制**法によりフルオロカーボン冷媒の**大気**中への**排出**を**抑制**する必要がある。
③不凝縮ガスは、装置内の不凝縮ガスを含んだ冷媒を全量**回収**して排除することが適切な方法である。
④可燃性・毒性であるアンモニア冷媒の場合は、別途設置された水槽などの**除害**設備に放出して、アンモニアガスを**除害**処理しなければならない。

◆その他の異物の混入

冷媒系統中に金属、砂、繊維、さび、その他の固形物などの異物が混入すると、それらが装置内を循環して、装置に次のような障害を引き起こす。

①膨張弁やその他の狭い通路に詰まり、安定した運転ができなくなることがある。
②圧縮機の各摺動部に侵入して、シリンダ、ピストン、軸受などを摩耗させる。
③シャフトシールに異物の混入した冷凍機油が入り、シール面を傷つけて冷媒漏れを起こす。

摺動部とは、互いにこすれながら滑って動く部分をいい、往復圧縮機のシリンダとピストンの接触部分などが相当する。

➔ 冷凍機油と冷媒

冷凍装置の保守管理のうち、冷凍機油と冷媒に関する事項は次のとおりである。

◆冷凍機油

冷凍機油の保守管理に関する主な事項は次のとおりである。

冷凍機油等の状態	不具合現象
①油圧の過大	●冷凍機油が凝縮器、蒸発器に送り込まれ伝熱面に付着する。
②油圧の過小	●油ポンプなどの故障により油圧が不足すると潤滑作用が阻害される。
③圧縮機の過熱運転	●冷凍機油が炭化分解し不凝縮ガスが生成する。 ●圧縮機全体を過熱し油温を上昇させる。 ●油温が上昇し粘度が下がり油膜切れを起こす。
④冷媒の混入	●冷媒により希釈され粘度が低下する。 ●オイルフォーミングが発生する。

冷凍機油に冷媒が混入すると粘度が低下する。ここはよく問われるので、間違えないようにしよう。

◆冷媒

冷媒の保守管理に関する主な事項は次のとおりである。

(1) 冷媒充填量の不足

冷凍装置内の冷媒充填(じゅうてん)量がかなり不足している過小状態における主な事項は次のとおりである。

①運転中の受液器の冷媒液面が低下していることにより、冷媒の充填不足を確認できる。
②蒸発圧力が低下し、吐出しガス圧力が低下するが、吸込み蒸気の過熱度が増加し、吐出しガス温度が上昇する。
③圧縮機が過熱運転となり冷凍機油が劣化する。
④密閉フルオロカーボン往復圧縮機では、吸込み冷媒蒸気による電動機の冷却が不十分となり、電動機の巻き線を焼損するおそれがある。

(2) 冷媒の過充填

冷媒液が水冷凝縮器の多数の冷却管を浸すほどに過充填(かじゅうてん)されると、有効な伝熱面積が減少するため凝縮圧力が高くなる。

冷媒の過充填では、圧縮機駆動用電動機の消費電力量が増加する。このことも覚えておこう！

(3) 液戻り、液圧縮、液封

冷凍装置の保守管理上の液戻(えきもど)り、液圧縮、液封(えきふう)に関する主な事項は次のとおりである。

①液戻りと液圧縮

冷媒液が圧縮機に吸い込まれることを液戻りという。液戻りにより圧縮機が冷媒液を含んだ湿り蒸気を吸い込むと圧縮機の吐出しガス温度が低下する。さらに液戻りが続くとオイルフォーミングが発生する。オイルフォーミングとはクランクケース内の冷凍機油に冷媒が混ざり、冷媒が急激に蒸発して泡立つ現象をいう。オイルフォーミングが発生すると給油ポンプの油圧が低下し潤滑不良となるおそれがある。

さらに液戻りが多くなり圧縮機が液圧縮状態になると、液体は非圧縮性のため非常に大きなシリンダ内圧力の上昇が起き、弁類、シリンダの破壊などのおそれがある。

オイルフォーミングで蒸発するのは冷凍機油ではなく冷媒だ！このこともよく問われるので覚えておこう！

②液戻り、液圧縮の主な原因

液戻り、液圧縮が発生する原因には次のものがある。

- 冷凍負荷が急増し、蒸発器での冷媒の沸騰が激しくなり、液滴が圧縮機に吸い込まれる。
- 吸込み蒸気配管にUトラップがあり停止中に液が溜まり、圧縮機始動時やアンロード（無負荷）からフルロード（全負荷）運転に切り替え時に、トラップ中の液が圧縮機に吸い込まれる。

③液封

冷凍装置の保守管理上の液封に関する事項は次のとおりである。

- 液封の発生しやすい箇所としては、運転中の温度が低い冷媒液の配管に多い。
- 液封となる箇所がある場合には、安全弁や破裂板、圧力逃がし装置を取り付ける。

破裂板は、可燃性で毒性であるアンモニア冷媒には適用できないのは前述したとおりだ。

Step3 暗記 何度も読み返せ！

- □ 不凝縮ガスは、装置内の不凝縮ガスを含んだ冷媒を全量［回収］して排除することが適切な方法である。
- □ 不凝縮ガスを排除する際、可燃性・毒性であるアンモニア冷媒の場合は、別途設置された水槽などの［除害］設備に放出して、アンモニアガスを［除害］処理しなければならない。
- □ 異物が混入すると、［膨張］弁やその他の狭い通路に詰まり、安定した運転ができなくなることがある。
- □ 異物が混入すると、圧縮機の各［摺動］部に侵入して、シリンダ、ピストン、軸受などを［摩耗］させる。
- □ 異物が混入すると、シャフトシールに異物の混入した［冷凍機油］が入り、シール面を傷つけて冷媒［漏れ］を起こす。
- □ 油圧が過大だと冷凍機油が凝縮器等に送り込まれ［伝熱］面に付着する。
- □ 油ポンプなどの故障により油圧が不足すると［潤滑］作用が阻害される。
- □ 圧縮機の過熱運転は、冷凍機油が［炭化］分解し［不凝縮］ガスが生成する。
- □ 圧縮機の過熱運転は、油温が［上昇］し粘度が［下がり］油膜切れを起こす。
- □ 冷凍機油に冷媒が混入すると、冷媒により希釈され粘度が［低下］する。
- □ 冷媒液が水冷凝縮器の多数の冷却管を浸すほどに過充填されると、有効な伝熱面積が減少するため凝縮圧力が［高く］なる。
- □ ［液］戻りにより圧縮機が冷媒［液］を含んだ［湿り］蒸気を吸い込むと圧縮機の吐出しガス温度が［低下］する。
- □ 冷凍負荷が［急増］し、蒸発器での冷媒の［沸騰］が激しくなり、液滴が圧縮機に吸い込まれ、液戻り、液圧縮が発生する。

- □ 吸込み蒸気配管に［Uトラップ］があり停止中に液が溜まり、圧縮機始動時やアンロードからフルロード運転に切り替え時に、［トラップ］中の液が圧縮機に吸い込まれ、液戻り、液圧縮が発生する。
- □ 液封の発生しやすい箇所は、運転中の温度が［低い］冷媒［液］の配管に多い。

燃えろ！演習問題

問題

次の文章の正誤を正誤を答えよ。

01　安全弁は作動圧力を設定した後、封印できる構造でなければならない。

02　安全弁の止め弁は修理等のとき以外は常時閉とし、「常時閉」の表示しなければならない。

03　破裂板と溶栓は、可燃性ガスまたは毒性ガスに使用できない。

04　溶栓の溶融温度は原則として75℃以下である。溶栓は、高温の圧縮機吐出し蒸気で加熱される部分や水冷凝縮器に冷却水で冷却される部分に取付けてはならない。

05　高圧遮断装置は、原則として自動復帰式とする。

06　液封は、高圧側蒸気配管で弁の操作ミスなどが原因で発生することが多い。

07　液封のおそれのある部分（銅管および外径26mm未満の鋼管は除く）には、溶栓を取り付けることと規定されている。

08　冷媒ガスの限界濃度とは、冷媒ガスが室内に漏えいしたときに、人間が失神や重大な障害を受けることなく、緊急の処置をとったうえで自らも避難できる程度を基準とした濃度をいう。

09　圧力容器の耐圧強度に関係する応力は、一般に圧縮応力である。

10　低温脆性による破壊は、徐々に発生する。

11　ステンレス鋼の圧力容器には、腐れしろを設ける必要はない。

12　さら形、半だ円形、半球形の順に板厚を厚くする必要があり、さら形が最も薄くすることができる。

13　圧縮機のコンクリート基礎の質量は、圧縮機、電動機などの駆動機の質量の合計の2～3倍程度とする。

14　アンモニア冷凍装置の気密試験には、炭酸アンモニウムの粉末が生成されるので、炭酸ガスを使用しなくてはならない。

15　気密試験に空気圧縮機を使用して圧縮空気を供給する場合は、冷凍機油の劣化などに配慮し、吐出し空気の温度は140℃以下とする。

16　真空試験では、装置全体からの微量の漏れが発見でき、場所も特定することができる。

17　真空試験時、装置内に残留水分があると真空になりにくいので、必要に応じて、水分の残留しやすい場所を加熱（120℃以下）するとよい。

18 中大形の装置の冷媒の充填方法は、受液器または受液器兼用の凝縮器の冷媒液出口弁を閉止し、圧縮機を運転しながら、冷媒チャージ弁から液状の冷媒を充填する。

19 非共沸混合冷媒を充填する場合には、液状態で充填すると混合比が変わってしまうので、必ず蒸気状態で充填する。

20 吐出し側弁が全開であることを確認してから圧縮機を始動する。次に、吸込み側弁を徐々に全開になるまで開く。

21 液封が生じないよう、受液器液出口弁を閉じてしばらく運転してから圧縮機を停止する。

22 冷凍装置を長期間休止させる場合、低圧側と圧縮機内には大気圧より少し低いガス圧力を残しておく。

23 圧縮機を停止し、冷却水を通水し、高圧圧力計の指示が冷却水温における冷媒の飽和圧力よりも低ければ、不凝縮ガスが存在していると判断できる。

24 不凝縮ガスは、装置内の不凝縮ガスを含んだ冷媒を全量回収して排除することが適切な方法である。

25 不凝縮ガスを排除する際、可燃性・毒性であるアンモニア冷媒の場合は、別途設置された水槽などの除害設備に放出して、アンモニアガスを除害処理しなければならない。

26 異物が混入すると、膨張弁やその他の狭い通路に詰まり、安定した運転ができなくなることがある。

27 異物が混入すると、シャフトシールに異物の混入した冷凍機油が入り、シール面を傷つけて冷媒漏れを起こす。

28 油ポンプなどの故障により油圧が不足すると潤滑作用が阻害される。

29 圧縮機の過熱運転は、冷凍機油が炭化分解し不凝縮ガスが生成する。

30 圧縮機の過熱運転は、油温が上昇し粘度が上がり油膜切れを起こす。

31 冷凍機油に冷媒が混入すると、冷媒により希釈され粘度が上昇する。

32 冷媒の過充填は、冷媒液が水冷凝縮器の多数の冷却管を浸すほどに過充填されると、有効な伝熱面積が減少するため凝縮圧力が低くなる。

33 液戻りにより圧縮機が冷媒液を含んだ湿り蒸気を吸い込むと圧縮機の吐出しガス温度が上昇する。

34 冷凍負荷が急増し、蒸発器での冷媒の沸騰が激しくなり、液滴が圧縮機に吸い込まれ、液戻り、液圧縮が発生する。

35 吸込み蒸気配管にUトラップがあり停止中に液が溜まり、圧縮機始動時やアンロードからフルロード運転に切り替え時に、トラップ中の液が圧縮機に吸い込まれ、液戻り、液圧縮が発生する。

解答・解説

01 ○

02 ×：安全弁の止め弁は修理等のとき以外は常時開とし、「常時開」の表示しなければならない。

03 ○

04 ○

05 ×：高圧遮断装置は、原則として**手動復帰式**とする。

06 ×：液封は、**低圧側液配管**で弁の操作ミスなどが原因で発生することが多い。

07 ×：液封のおそれのある部分（銅管および外径26mm未満の鋼管は除く）には、**安全装置（溶栓を除く）**を取り付けることと規定されている。

08 ○

09 ×：圧力容器の耐圧強度に関係する応力は、一般に**引張応力**である。

10 ×：低温脆性による破壊は、**突発的・瞬間的**に発生する。

11 ×：ステンレス鋼の圧力容器にも、腐れしろを設ける**必要がある**。

12 ×：さら形、半だ円形、半球形の順に板厚を**薄くすることができ**、**半球形**が最も薄くすることができる。

13 ○

14 ×：アンモニア冷凍装置の気密試験には、炭酸アンモニウムの粉末が生成されるので、炭酸ガスを**使用してはならない**。

15 ○

16 ×：真空試験では、装置全体からの微量の漏れは発見できるが、場所を**特定することはできない**。

17 ○

18 ○

19 ×：非共沸混合冷媒を充填する場合には、**蒸気状態**で充填すると混合比が変わってしまうので、必ず**液状態**で充填する。

20 ○

21 ○

22 ×：冷凍装置を長期間休止させる場合、低圧側と圧縮機内には大気圧より少し高いガス圧力を残しておく。

23 ×：圧縮機を停止し、冷却水を通水し、高圧圧力計の指示が冷却水温における冷媒の飽和圧力よりも高ければ、不凝縮ガスが存在していると判断できる。

24 ○

25 ○

26 ○

27 ○

28 ○

29 ○

30 ×：圧縮機の過熱運転は、油温が上昇し粘度が**下がり**油膜切れを起こす。

31 ×：冷凍機油に冷媒が混入すると、冷媒により希釈され粘度が**低下**する。

32 ×：冷媒の過充填は、冷媒液が水冷凝縮器の多数の冷却管を浸すほどに過充填されると、有効な伝熱面積が減少するため凝縮圧力が**高く**なる。

33 ×：液戻りにより圧縮機が冷媒液を含んだ湿り蒸気を吸い込むと圧縮機の吐出しガス温度が**低下**する。

34 ○

35 ○

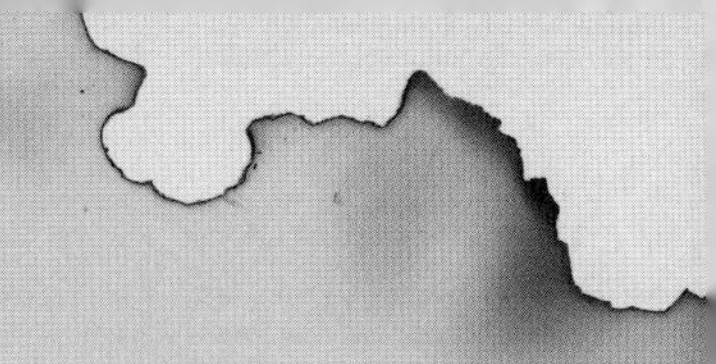

第2科目

法令

試験科目	試験時間	問題数	出題形式	合格ライン
法令	60分	20問	択一式	60%程度（12問以上）
保安管理技術	90分	15問	択一式	60%程度（9問以上）

第4章

高圧ガスの取扱い

ここでは、高圧ガス保安法の目的、高圧ガスの定義、高圧ガスの貯蔵、移動、容器の取扱いなどについて学習するぞ。

アクセスキー　M
（大文字のエム）

重要度：🔥🔥🔥

No. 17 /31

目的・定義・許可・届出等

高圧ガス保安法の目的、高圧ガスの定義、高圧ガス保安法の適用除外、高圧ガス製造の許可・届出、承継、高圧ガス製造施設の変更、高圧ガスの廃棄、冷凍設備に用いる機器の製造、帳簿、事故届などについて学習しよう。

Step1 図解 目に焼き付けろ！

1日の冷凍能力と規定

① 法の適用、届出、許可

冷媒ガスの種類	法の適用除外	知事への届出（第2種製造者）	知事の許可（第1種製造者）
	1日の冷凍能力		
不活性のフルオロカーボン及び二酸化炭素	5トン未満	20トン以上 50トン未満	50トン以上
不活性以外のフルオロカーボン及びアンモニア	3トン未満	5トン以上 50トン未満	50トン以上
その他	3トン未満	3トン以上 20トン未満	20トン以上

② 技術上の基準に従って製造する必要がある冷凍設備機器

冷凍設備機器	1日の冷凍能力
二酸化炭素、フルオロカーボン（可燃性ガスを除く。）の冷凍設備機器	5トン以上
その他の冷凍設備機器	3トン未満

まずは、次の2つを覚えておこう！
- 冷媒ガスの種類に関わらず3トン未満は高圧ガス保安法の適用を受けない。
- 冷媒ガスの種類に関わらず50トン以上は許可が必要である。

Step2 解説 爆裂に読み込め！

➔ 高圧ガス保安法の目的

高圧ガス保安法の目的は、高圧ガス保安法第1条にある。

（目的）
法第一条　この法律は、高圧ガスによる災害を防止するため、高圧ガスの製造、貯蔵、販売、移動その他の取扱及び消費並びに容器の製造及び取扱を規制するとともに、民間事業者及び高圧ガス保安協会による高圧ガスの保安に関する自主的な活動を促進し、もつて公共の安全を確保することを目的とする。

高圧ガス保安法についてまとめると次のとおりである。

- 高圧ガスの製造、貯蔵、販売、移動、取扱、消費の規制
- 容器の製造、取扱を規制

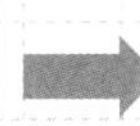

- 高圧ガスによる災害の防止
- 公共の安全の確保

図17-1：高圧ガス保安法の目的

高圧ガス保安法の目的は例年出題されているので、必ず覚えよう！

➔ 高圧ガスの定義

高圧ガスの定義について、高圧ガス保安法第2条に次のように規定されている。

（定義）
法第二条　この法律で「高圧ガス」とは、次の各号のいずれかに該当するものをいう。
一　常用の温度において圧力（ゲージ圧力をいう。以下同じ。）が一メガパスカル以上となる圧縮ガスであつて現にその圧力が一メガパスカル以上であるもの又は温度三十五度において圧力が一メガパスカル以上となる圧縮ガス（圧縮アセチレンガスを除く。）
二　常用の温度において圧力が〇・二メガパスカル以上となる圧縮アセチレンガスであつて現にその圧力が〇・二メガパスカル以上であるもの又は温度十五度において圧力が〇・二メガパスカル以上となる圧縮アセチレンガス
三　常用の温度において圧力が〇・二メガパスカル以上となる液化ガスであつて現にその圧力が〇・二メガパスカル以上であるもの又は圧力が〇・二メガパスカルとなる場合の温度が三十五度以下である液化ガス
四　前号に掲げるものを除くほか、温度三十五度において圧力零パスカルを超える液化ガスのうち、液化シアン化水素、液化ブロムメチル又はその他の液化ガスであつて、政令で定めるもの

「以上」、「以下」は対象となる数字を含み、「超える」、「未満」は対象となる数字を含まないので、注意が必要よ！

高圧ガスの定義についてまとめると、次のとおりである。

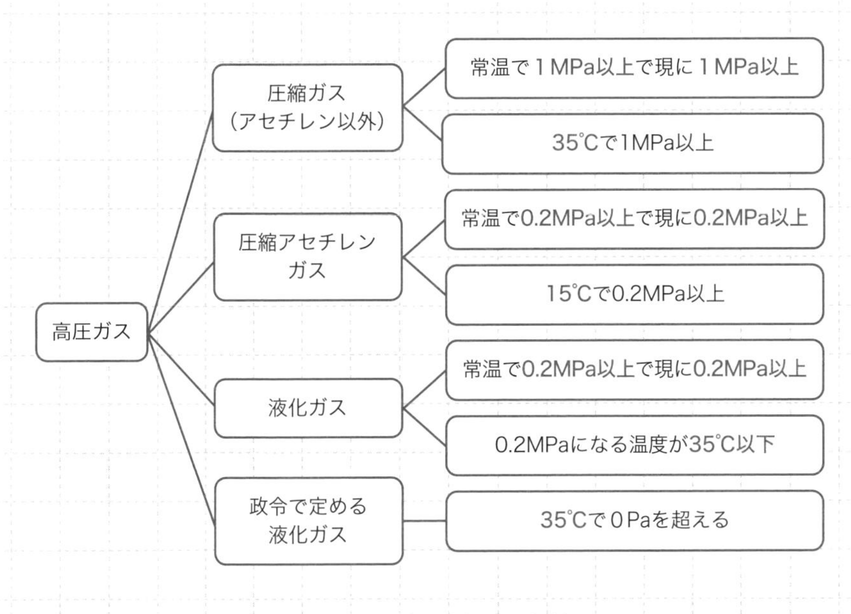

図17-2：高圧ガスの定義

高圧ガスの定義に関する試験問題は、高圧ガスに該当するかどうかが問われるぞ！

高圧ガス保安法の適用除外

災害の発生のおそれがない高圧ガスで、政令で定めるものは、高圧ガス保安法の適用が除外される。高圧ガス保安法の適用除外については、高圧ガス保安法第3条、高圧ガス保安法施行令第2条に次のように規定されている。

（適用除外）
法第三条　この法律の規定は、次の各号に掲げる高圧ガスについては、適用しない。
八　その他災害の発生のおそれがない高圧ガスであつて、政令で定めるもの

（適用除外）
令第二条
3　法第三条第一項第八号の政令で定める高圧ガスは、次のとおりとする。
三　冷凍能力（法第五条第三項の経済産業省令で定める基準に従って算定した一日の冷凍能力をいう。以下同じ。）が三トン未満の冷凍設備内における高圧ガス
四　冷凍能力が三トン以上五トン未満の冷凍設備内における高圧ガスであるヘリウム、ネオン、アルゴン、クリプトン、キセノン、ラドン、窒素、二酸化炭素、フルオロカーボン（難燃性を有するものとして経済産業省令で定める燃焼性の基準に適合するものに限る。）又は空気（以下「第一種ガス」という。）

高圧ガス保安法の適用除外について、まとめると次のとおりである。

- 1日の冷凍能力3トン未満は、すべて適用除外される。
- 1日の冷凍能力3トン以上5トン未満は、二酸化炭素、フルオロカーボン（不活性のもの）、空気などが適用除外される。

条文では「フルオロカーボン（難燃性…）」と記述されているが、本試験では「フルオロカーボン（不活性…）」と出題されている。なので、「フルオロカーボンは不活性のものは5トン未満が適用除外、不活性以外のものは3トン未満が適用除外される。またアンモニアは3トン未満が適用除外される。」と覚えておくように！

高圧ガス製造の許可・届出

高圧ガスを製造する者は、ガスの**種類**と1日の**冷凍能力**の区分に従い、都道府県知事の**許可**を受けるか、**届け出**なければならない。高圧ガス製造の許可・届出について、高圧ガス保安法第5条と高圧ガス保安法施行令第4条に次のように規定されている。

（製造の許可等）
法第五条　次の各号の一に該当する者は、事業所ごとに、都道府県知事の許可を受けなければならない。
二　冷凍のためガスを圧縮し、又は液化して高圧ガスの製造をする設備でその一日の冷凍能力が二十トン（当該ガスが政令で定めるガスの種類に該当するものである場合にあつては、当該政令で定めるガスの種類ごとに二十トンを超える政令で定める値）以上のもの（第五十六条の七第二項の認定を受けた設備を除く。）を使用して高圧ガスの製造をしようとする者
2　次の各号の一に該当する者は、事業所ごとに、当該各号に定める日の二十日前までに、製造をする高圧ガスの種類、製造のための施設の位置、構造及び設備並びに製造の方法を記載した書面を添えて、その旨を都道府県知事に届け出なければならない。
二　冷凍のためガスを圧縮し、又は液化して高圧ガスの製造をする設備でその一日の冷凍能力が三トン（当該ガスが前項第二号の政令で定めるガスの種類に該当するものである場合にあつては、当該政令で定めるガスの種類ごとに三トンを超える政令で定める値）以上のものを使用して高圧ガスの製造をする者（同号に掲げる者を除く。）　製造開始の日

令第四条　法第五条第一項第二号の政令で定めるガスの種類は、一の事業所において次の表の上欄に掲げるガスに係る高圧ガスの製造をしようとする場合における同欄に掲げるガスとし、同号及び同条第二項第二号の政令で定める値は、同欄に掲げるガスの種類に応じ、それぞれ同表の中欄及び下欄に掲げるとおりとする。

ガスの種類	法第五条第一項第二号の政令で定める値	法第五条第二項第二号の政令で定める値
一　第一種ガス	五十トン	二十トン
二　フルオロカーボン（第二条第三項第四号の経済産業省令で定める燃焼性の基準に適合するものを除く。）及びアンモニア	五十トン	五トン

高圧ガス製造の許可・届出についてまとめると次のとおりである。

表17-1：許可または届出が必要な1日の冷凍能力

ガスの種類	許可が必要な1日の冷凍能力	届出が必要な1日の冷凍能力
下欄以外のガス	20トン以上	3トン以上
第1種ガス（二酸化炭素、フルオロカーボン（不活性）など）	50トン以上	20トン以上
フルオロカーボン（不活性以外）、アンモニアなど	50トン以上	5トン以上

①許可

- 原則、1日の冷凍能力20トン以上で許可が必要である。
- フルオロカーボン（不活性及び不活性以外）もアンモニアも50トン以上で許可が必要である。
- 認定設備は許可が不要である。

②届出

- 原則、1日の冷凍能力3トン以上で届出が必要である。
- フルオロカーボンは不活性のものは20トン以上、不活性以外のものは5トン以上で都道府県知事への届出が必要である。
- アンモニアは5トン以上で都道府県知事への届出が必要である。
- 製造開始の日の20日前までに届け出なければならない。

都道府県知事の許可を受けた者を第1種製造者、都道府県知事に届け出した者を第2種製造者と規定されているんですね。

第1種製造者の承継

第1種製造者の承継について高圧ガス保安法第10条に次のように規定されている。

（承継）
法第十条　第一種製造者について相続、合併又は分割（当該第一種製造者のその許可に係る事業所を承継させるものに限る。）があつた場合において、相続人（相続人が二人以上ある場合において、その全員の同意により承継すべき相続人を選定したときは、その者）、合併後存続する法人若しくは合併により設立した法人又は分割によりその事業所を承継した法人は、第一種製造者の地位を承継する。
2　前項の規定により第一種製造者の地位を承継した者は、遅滞なく、その事実を証する書面を添えて、その旨を都道府県知事に届け出なければならない。

承継とは、地位・事業・精神などを引き継ぐことをいう。第1種製造者の法人または事業所を承継した法人は、第1種製造者の地位を承継する。承継した者は遅滞なく、都道府県知事に届け出なければならない。

引き渡したり、譲り受けたりしただけでは地位は承継されない。承継し、都道府県知事に届け出る必要がある。
承継についてはわかりにくい問題が出題されているので、過去問で確認しておこう。

高圧ガス製造施設の変更

1. 高圧ガス製造施設の変更工事等の許可・届出

高圧ガス製造施設の変更については、高圧ガス保安法第14条に次のように規定されている。

（製造のための施設等の変更）
法第十四条　第一種製造者は、製造のための施設の位置、構造若しくは設備の変更の工事をし、又は製造をする高圧ガスの種類若しくは製造の方法を変更しようとするときは、都道府県知事の許可を受けなければならない。ただし、製造のための施設の位置、構造又は設備について経済産業省令で定める軽微な変更の工事をしようとするときは、この限りでない。
2　第一種製造者は、前項ただし書の軽微な変更の工事をしたときは、その完成後遅滞なく、その旨を都道府県知事に届け出なければならない。
3　第八条の規定は、第一項の許可に準用する。
4　第二種製造者は、製造のための施設の位置、構造若しくは設備の変更の工事をし、又は製造をする高圧ガスの種類若しくは製造の方法を変更しようとするときは、あらかじめ、都道府県知事に届け出なければならない。ただし、製造のための施設の位置、構造又は設備について経済産業省令で定める軽微な変更の工事をしようとするときは、この限りでない。

高圧ガス製造施設の変更についてまとめると、次のとおりである。

①第1種製造者

- 製造施設の**位置**、**構造**、**設備**の変更**工事**、または製造する高圧ガスの**種類**、製造**方法**を変更するときは、都道府県知事の**許可**を受けなければならない。
- **軽微**な変更の工事をしたときは、完成後**遅滞**なく、都道府県知事に**届け出**なければならない。

②第2種製造者

- 製造施設の**位置**、**構造**、**設備**の変更**工事**、または製造する高圧ガスの**種類**製造**方法**を変更するときは、あらかじめ、都道府県知事に**届け出**なければならない。
- **軽微**な変更の工事をしようとするときは、**届出**は不要である。

第1種製造者が変更するときは**許可**が必要、第2種製造者が変更するときは**届出**が必要だ。**軽微**な工事は、第1種製造者は**届出**が必要、第2種製造者は**届出**が不要だ。
このあたりはややこしいので、間違えないように注意！

2. 軽微な変更の工事

軽微な変更の工事については、冷凍保安規則第17条に次のように規定されている。

> （第一種製造者に係る軽微な変更の工事等）
> 冷規第十七条　法第十四条第一項ただし書の経済産業省令で定める軽微な変更の工事は、次の各号に掲げるものとする。
> 一　独立した製造設備の撤去の工事
> 二　製造設備（第七条第一項第五号に規定する耐震設計構造物として適用を受ける製造設備を除く。）の取替え（可燃性ガス及び毒性ガスを冷媒とする冷媒設備の取替えを除く。）の工事（冷媒設備に係る切断、溶接を伴う工事を除く。）であつて、当該設備の冷凍能力の変更を伴わないもの
> 三　製造設備以外の製造施設に係る設備の取替え工事
> 四　認定指定設備の設置の工事
> 五　第六十二条第一項ただし書の規定により指定設備認定証が無効とならない認定指定設備に係る変更の工事
> 六　試験研究施設における冷凍能力の変更を伴わない変更の工事であつて、経済産業大臣が軽微なものと認めたもの

軽微な変更の工事についてまとめると、次のとおりである。

①**撤去**工事
②製造設備の**取替え**（**可燃性**ガス及び**毒性**ガスを冷媒とする冷媒設備の取替えを除く。）の工事（冷媒設備に係る**切断**、**溶接**を伴う工事を除く。）であって、当該設備の**冷凍能力**の変更を伴わないもの
③製造設備**以外**の設備の取替え工事
④**認定**指定設備の設置の工事
⑤**指定**設備認定証が**無効**とならない**認定**指定設備に係る変更の工事
⑥研究施設における**冷凍能力**の変更を伴わない変更の工事であって、経済産業大臣が**軽微**なものと認めたもの

軽微な変更工事のポイントは次のとおりよ。
- 次のものは軽微な変更工事にならない
  - 高圧ガスの種類を変更する
  - 高圧ガスの製造方法を変更する
  - 可燃性ガス及び毒性ガスの冷媒設備の取替え
  - 切断、溶接を伴う工事
  - 冷凍能力の変更を伴うもの
- 次のものは軽微な変更工事になる
  - 認定設備の設置
  - 認定証が無効にならない認定設備の変更工事

高圧ガスの販売事業の届出

高圧ガスの販売事業の届出については、高圧ガス保安法第20条の4に次のように規定されている。

（販売事業の届出）
法第二十条の四　高圧ガスの販売の事業（液化石油ガス法第二条第三項の液化石油ガス販売事業を除く。）を営もうとする者は、販売所ごとに、事業開始の日の二十日前までに、販売をする高圧ガスの種類を記載した書面その他経済産業省令で定める書類を添えて、その旨を都道府県知事に届け出なければならない。ただし、次に掲げる場合は、この限りでない。
一　第一種製造者であつて、第五条第一項第一号に規定する者がその製造をした高圧ガスをその事業所において販売するとき。
二　医療用の圧縮酸素その他の政令で定める高圧ガスの販売の事業を営む者が貯蔵数量が常時容積五立方メートル未満の販売所において販売するとき。

高圧ガスの販売の事業を営もうとする者は、原則として、販売所ごとに事業開始の日の20日前までに、都道府県知事に届け出なければならない。

第2種製造者の製造開始の届出も、販売事業者の販売開始の届出も、20日前までなんですね！

➔ 高圧ガス製造等の廃止等の届出

高圧ガス製造等の廃止等の届出については、高圧ガス保安法第21条に次のように規定されている。

(製造等の廃止等の届出)
法第二十一条　第一種製造者は、高圧ガスの製造を開始し、又は廃止したときは、遅滞なく、その旨を都道府県知事に届け出なければならない。
2　第二種製造者であつて、第五条第二項第一号に掲げるものは、高圧ガスの製造の事業を廃止したときは、遅滞なく、その旨を都道府県知事に届け出なければならない。
3　第二種製造者であつて、第五条第二項第二号に掲げるものは、高圧ガスの製造を廃止したときは、遅滞なく、その旨を都道府県知事に届け出なければならない。
4　第一種貯蔵所又は第二種貯蔵所の所有者又は占有者は、第一種貯蔵所又は第二種貯蔵所の用途を廃止したときは、遅滞なく、その旨を都道府県知事に届け出なければならない。
5　販売業者は、高圧ガスの販売の事業を廃止したときは、遅滞なく、その旨を都道府県知事に届け出なければならない。

高圧ガス製造等の廃止等の届出についてまとめると、次のとおりである。

①第1種製造者は、高圧ガスの製造を**開始**、**廃止**したときは、**遅滞**なく、都道府県知事に**届け出**なければならない。
②第2種製造者は、高圧ガスの製造・事業を**廃止**したときは、**遅滞**なく、都道府県知事に**届け出**なければならない。
③**販売**業者は、高圧ガスの**販売**の事業を**廃止**したときは、**遅滞**なく、都道府県知事に**届け出**なければならない。

第1種製造者は、開始したときにも廃止したときにも遅滞なく届け出が必要である。よく問われるので覚えておこう。
第2種製造者と販売業者は、開始の20日前までに届出が必要なのは、前述したとおりだ。

高圧ガスの廃棄

高圧ガスの廃棄については、高圧ガス保安法第25条、冷凍保安規則第33条に次のように規定されている。

（廃棄）
法第二十五条　経済産業省令で定める高圧ガスの廃棄は、廃棄の場所、数量その他廃棄の方法について経済産業省令で定める**技術上の基準**に従つてしなければならない。

（廃棄に係る技術上の基準に従うべき高圧ガスの指定）
冷規第三十三条　法第二十五条の経済産業省令で定める高圧ガスは、**可燃性**ガス、**毒性**ガス及び**特定不活性**ガスとする。

高圧ガスの廃棄についてまとめると、次のとおりである。

- 省令で定める**可燃性**ガス、**毒性**ガス及び特定不活性ガスを廃棄するときは、廃棄の場所、数量その他廃棄の方法について省令で定める**技術上の基準**に従わなければならない。
- したがって、**可燃性**・**毒性**ガスであるアンモニアを廃棄するときは、**技術上の基準**に従って行わなければならない。

特定不活性ガスとは、地球温暖化係数の低い微燃性のフルオロカーボンの不活性ガスをいうんだ。

冷凍設備に用いる機器の製造

冷凍設備に用いる機器の製造については、高圧ガス保安法第57条、冷凍保安規則第63条に次のように規定されている。

（冷凍設備に用いる機器の製造）
法第五十七条　もつぱら冷凍設備に用いる機器であつて、経済産業省令で定めるものの製造の事業を行う者（以下「機器製造業者」という。）は、その機器を用いた設備が第八条第一号又は第十二条第一項の技術上の基準に適合することを確保するように経済産業省令で定める技術上の基準に従つてその機器の製造をしなければならない。

（冷凍設備に用いる機器の指定）
冷規第六十三条　法第五十七条の経済産業省令で定めるものは、もつぱら冷凍設備に用いる機器（以下単に「機器」という。）であつて、一日の冷凍能力が三トン以上（ヘリウム、ネオン、アルゴン、クリプトン、キセノン、ラドン、窒素、二酸化炭素、フルオロカーボン（可燃性ガスを除く。）又は空気にあつては、五トン以上。）の冷凍機とする。

冷凍設備に用いる機器の製造についてまとめると、次のとおりである。

- 原則として、1日の冷凍能力が3トン以上の冷凍設備機器は技術上の基準に従って製造しなければならない。
- 二酸化炭素、フルオロカーボン（可燃性ガスを除く。）の冷凍設備機器の場合は、1日の冷凍能力が5トン以上のものは技術上の基準に従って製造しなければならない。

帳簿

帳簿については、高圧ガス保安法第60条、冷凍保安規則第65条に次のように規定されている。

帳簿についてまとめると、次のとおりである。

（帳簿）
法第六十条　第一種製造者、第一種貯蔵所又は第二種貯蔵所の所有者又は占有者、販売業者、容器製造業者及び容器検査所の登録を受けた者は、経済産業省令で定めるところにより、帳簿を備え、高圧ガス若しくは容器の製造、販売若しくは出納又は容器再検査若しくは附属品再検査について、経済産業省令で定める事項を記載し、これを保存しなければならない。

（帳簿）
冷規第六十五条　法第六十条第一項の規定により、第一種製造者は、事業所ごとに、製造施設に異常があつた年月日及びそれに対してとつた措置を記載した帳簿を備え、記載の日から十年間保存しなければならない。

- 第1種製造者は、事業所ごとに、製造施設に異常があった年月日ととった措置を記載した帳簿を備え、記載の日から10年間保存しなければならない。

帳簿の保存期限は、記載の日から10年間だ。製造開始の日からではないぞ！

➔ 事故届

事故届について、高圧ガス保安法第63条に次のように規定されている。

（事故届）
法第六十三条　第一種製造者、第二種製造者、販売業者、液化石油ガス法第六条の液化石油ガス販売事業者、高圧ガスを貯蔵し、又は消費する者、容器製造業者、容器の輸入をした者その他高圧ガス又は容器を取り扱う者は、次に掲げる場合は、遅滞なく、その旨を都道府県知事又は警察官に届け出なければならない。
一　その所有し、又は占有する高圧ガスについて災害が発生したとき。
二　その所有し、又は占有する高圧ガス又は容器を喪失し、又は盗まれたとき。

事故届についてまとめると、次のとおりである。

- 第1種製造者、第2種製造者、販売業者等は、高圧ガスについて災害が発生したとき、容器を喪失したとき、容器を盗まれたときには、遅滞なく、都道府県知事または警察官に届け出なければならない。

事故届のポイントは次のとおりね。
- 届出者は、第1種製造者、第2種製造者、販売事業者等である。
- 容器を喪失したときも、盗まれたときも届け出る必要がある。
- 都道府県知事または警察官に届け出なければならない。

Step3 暗記 何度も読み返せ!

- □ 第［1］種製造者の法人または事業所を［承継］した法人は、第1種製造者の地位を［承継］する。［承継］した者は［遅滞］なく、都道府県知事に［届け出］なければならない。
- □ 第2種製造者の製造開始の届出も、販売事業者の販売開始の届出も、［20］日前までである。
- □ 第［1］種製造者は、事業所ごとに、製造施設に［異常］があった年月日ととった［措置］を記載した［帳簿］を備え、［記載］の日から［10］年間保存しなければならない。
- □ 第［1］種製造者、第［2］種製造者、［販売］業者等は、高圧ガスについて［災害］が発生したとき、容器を［喪失］したとき、容器を［盗まれた］ときには、［遅滞］なく、都道府県知事または［警察官］に届け出なければならない。

重要度：🔥🔥

No. 18 /31 高圧ガスの貯蔵

高圧ガスの貯蔵、貯蔵設備の技術上の基準、貯蔵方法の技術上の基準などについて学習しよう。貯蔵に関する事項は、ガスの種類に関わらず規定されるもの、可燃性・毒性ガスに限って規定されるものを理解しておこう。

Step1 図解 目に焼き付けろ！

貯蔵に関する技術上の基準の適用範囲

規定	可燃性ガス	毒性ガス	不活性ガス（特定不活性ガスを除く）
法15条：貯蔵の技術上の基準（省令で定める容積を超える）	○	○	○
一般規第6条：充填容器と残ガス容器との区分	○	○	○
一般規第6条：容器置場周囲の火気使用禁止等	○	○	－
一般規第6条：容器の温度	○	○	○
一般規第6条：容器の衝撃損傷防止、粗暴な取扱い禁止（5L超）	○	○	○
一般規6条：容器置場への電燈以外の燈火の携行禁止	○	－	－
一般規第18条：通風の良い場所の貯槽	○	○	－
一般規第18条：車両に積載した容器での貯蔵禁止（消防用・緊急車両除く）	○	○	○

○：適用、－：適用除外

火気使用禁止、燈火の携行禁止、通風のよい場所の3つの規定の適用と適用除外をよく理解しておこう。

Step2 解説 爆裂に読み込め！

➔ 高圧ガスの貯蔵

高圧ガスの貯蔵については、高圧ガス保安法第15条、一般高圧ガス保安規則第19条に次のように規定されている。

（貯蔵）
法第十五条　高圧ガスの貯蔵は、経済産業省令で定める技術上の基準に従つてしなければならない。ただし、第一種製造者が第五条第一項の許可を受けたところに従つて貯蔵する高圧ガス若しくは液化石油ガス法第六条の液化石油ガス販売事業者が液化石油ガス法第二条第四項の供給設備若しくは液化石油ガス法第三条第二項第三号の貯蔵施設において貯蔵する液化石油ガス法第二条第一項の液化石油ガス又は経済産業省令で定める容積以下の高圧ガスについては、この限りでない。

（貯蔵の規制を受けない容積）
一般規第十九条　法第十五条第一項ただし書の経済産業省令で定める容積は、〇・一五立方メートルとする。
2　前項の場合において、貯蔵する高圧ガスが液化ガスであるときは、質量十キログラムをもつて容積一立方メートルとみなす。

高圧ガスの貯蔵についてまとめると、次のとおりである。

- 高圧ガスの貯蔵の**技術上**の基準に従うべき高圧ガスは、**可燃性**ガス、**毒性**ガスに限られていない。**不活性**（ふかっせい）ガスについても、規定の**容積**を超える高圧ガスについては技術上の基準に従わなければならない。
- 容積**0.15**m^3（質量では0.15×10＝**1.5**［kg］）以下の高圧ガスには、貯蔵の技術上の基準は適用されない。

可燃性ガス、毒性ガスであっても、規定の容積以下の高圧ガスは貯蔵の技術上の基準が適用されないということだ。

➡ 高圧ガスの貯蔵設備の技術上の基準

高圧ガスの貯蔵設備の技術上の基準については、一般高圧ガス保安規則第6条に次のように規定されている。

> （定置式製造設備に係る技術上の基準）
> 一般規第六条　製造設備が定置式製造設備（コールド・エバポレータ、圧縮天然ガススタンド、液化天然ガススタンド及び圧縮水素スタンドを除く。）である製造施設における法第八条第一号の経済産業省令で定める技術上の基準は、次の各号に掲げるものとする。ただし、経済産業大臣がこれと同等の安全性を有するものと認めた措置を講じている場合は、この限りでなく、また、製造設備の冷却の用に供する冷凍設備にあつては、冷凍保安規則に規定する技術上の基準によることができる。
> 四十二　容器置場並びに充填容器及び残ガス容器（以下「充填容器等」という。）は、次に掲げる基準に適合すること。

技術上の基準に適合しなければならない充填(じゅうてん)容器には残ガス容器も含まれる。このことも出題されているので、覚えておこう。

なお、残ガス容器は「残ガス容器　現に高圧ガスを充填してある容器であつて、充填容器以外のもの」（一般規第2条第1項第11号）と、充填容器は「充填容器　現に高圧ガス（高圧ガスが充填された後に当該ガスの質量が充填時における質量の二分の一以上減少していないものに限る。）を充填してある容器」（一般規第2条第1項第10号）と定義されている。

（定置式製造設備に係る技術上の基準）
一般規第六条
2　製造設備が定置式製造設備（コールド・エバポレータ、圧縮天然ガススタンド、液化天然ガススタンド及び圧縮水素スタンドを除く。）である製造施設における法第八条第二号の経済産業省令で定める技術上の基準は、次の各号に掲げるものとする。ただし、経済産業大臣がこれと同等の安全性を有するものと認めた措置を講じている場合は、この限りでない。
八　容器置場及び充填容器等は、次に掲げる基準に適合すること。
イ　充填容器等は、充填容器及び残ガス容器にそれぞれ区分して容器置場に置くこと。
ロ　可燃性ガス、毒性ガス、特定不活性ガス及び酸素の充填容器等は、それぞれ区分して容器置場に置くこと。
ハ　容器置場には、計量器等作業に必要な物以外の物を置かないこと。
ニ　容器置場（不活性ガス（特定不活性ガスを除く。）及び空気のものを除く。）の周囲二メートル以内においては、火気の使用を禁じ、かつ、引火性又は発火性の物を置かないこと。ただし、容器と火気又は引火性若しくは発火性の物の間を有効に遮る措置を講じた場合は、この限りでない。
ホ　充填容器等（圧縮水素運送自動車用容器を除く。）は、常に温度四十度（容器保安規則第二条第三号に掲げる超低温容器（以下「超低温容器」という。）又は同条第四号に掲げる低温容器（以下「低温容器」という。）にあつては、容器内のガスの常用の温度のうち最高のもの。以下第四十条第一項第四号ハ、第四十九条第一項第五号、第五十条第二号及び第六十条第七号において同じ。）以下に保つこと。
ヘ　圧縮水素運送自動車用容器は、常に温度六十五度以下に保つこと。
ト　充填容器等（内容積が五リットル以下のものを除く。）には、転落、転倒等による衝撃及びバルブの損傷を防止する措置を講じ、かつ、粗暴な取扱いをしないこと。
チ　可燃性ガスの容器置場には、携帯電燈以外の燈火を携えて立ち入らないこと。

高圧ガスの貯蔵設備の技術上の基準についてまとめると、次のとおりである。

①容器置場並びに充填容器及び**残ガス**容器は基準に適合すること。
②充填容器及び**残ガス**容器にそれぞれ**区分**して容器置場に置くこと。
③**可燃性**ガス、**毒性**ガス、**特定**不活性ガス及び**酸素**の充填容器等は、それぞれ**区分**して容器置場に置くこと。
④容器置場には、計量器等作業に**必要**な物以外の物を置かないこと。
⑤容器置場（**不活性**ガス（特定**不活性**ガスを除く。）及び**空気**のものを除く。）の周囲**2m**以内においては、**火気**の使用を禁じ、かつ、**引火**性又は**発火**性の物を置かないこと。ただし、有効に**遮る**措置を講じた場合は、この限りでない。
⑥充填容器等（圧縮水素運送自動車用容器を除く。）は、常に温度**40**度以下に保つこと。
⑦充填容器等（内容積が**5L**以下のものを除く。）には、転落、転倒等による**衝撃**

第4章 高圧ガスの取扱い

及びバルブの損傷を防止する措置を講じ、かつ、粗暴な取扱いをしないこと。
⑧可燃性ガスの容器置場には、携帯電燈以外の燈火を携えて立ち入らないこと。
なお、燈火とは「ともしび」のことだ。

唱えろ! ゴロあわせ

■容器の温度は40度以下

始終陽気な音頭
40　容器　温度

■5Lを超える容器は粗暴に扱ってはならない

陽気なゴリラは粗暴に扱うな
容器　5L

➔ 高圧ガスの貯蔵方法の技術上の基準

高圧ガスの貯蔵方法の技術上の基準については、一般高圧ガス保安規則第18条に次のように規定されている。

> (貯蔵の方法に係る技術上の基準)
> 一般規第十八条　法第十五条第一項の経済産業省令で定める技術上の基準は、次の各号に掲げるものとする。
> 一　貯槽により貯蔵する場合にあつては、次に掲げる基準に適合すること。
> イ　可燃性ガス又は毒性ガスの貯蔵は、通風の良い場所に設置された貯槽によりすること。
> 二　容器（高圧ガスを燃料として使用する車両に固定した燃料装置用容器を除く。）により貯蔵する場合にあつては、次に掲げる基準に適合すること。
> ホ　貯蔵は、船、車両若しくは鉄道車両に固定し、又は積載した容器（消火の用に供する不活性ガス及び消防自動車、救急自動車、救助工作車その他緊急事態が発生した場合に使用する車両に搭載した緊急時に使用する高圧ガスを充填してあるものを除く。）によりしないこと。ただし、法第十六条第一項の許可を受け、又は法第十七条の二第一項の届出を行つたところに従つて貯蔵するときは、この限りでない。

高圧ガスの貯蔵方法の技術上の基準についてまとめると、次のとおりである。

①**可燃性**ガス又は**毒性**ガスの貯蔵は、**通風**の良い場所に設置された**貯槽**によりすること。
②貯蔵は、船、車両、鉄道車両に固定、**積載**した**容器**によりしないこと。ただし、次の場合は除外されている。
- **消火**の用に供する**不活性**ガス
- **緊急**事態に使用する**車両**に搭載した緊急時に使用する高圧ガス

「消火の用に供する不活性ガス」とは、消防法に規定される窒素ガス消火設備や二酸化炭素消火設備のことだ。火災が発生した区域に不活性ガスを放出し、酸素濃度を低減して窒息消火する消火設備だ。

Step3 暗記 何度も読み返せ！

● 高圧ガスの貯蔵

□ 高圧ガスの貯蔵の技術上の基準に従うべき高圧ガスは、［可燃性］ガス、［毒性］ガスに限られていない。［不活性］ガスについても、規定の［容積］を超える高圧ガスについては技術上の基準に従わなければならない。

● 高圧ガスの貯蔵設備の技術上の基準

□ 容器置場並びに充填容器及び［残ガス］容器は基準に適合すること。

□ 充填容器及び［残ガス］容器にそれぞれ［区分］して容器置場に置くこと。

□ ［可燃性］ガス、［毒性］ガス、特定不活性ガス及び［酸素］の充填容器等は、それぞれ［区分］して容器置場に置くこと。

□ 充填容器等（圧縮水素運送自動車用容器を除く。）は、常に温度［40］度以下に保つこと。

□ 充填容器等（内容積が［5］L以下のものを除く。）には、転落、転倒等による［衝撃］及びバルブの［損傷］を防止する措置を講じ、かつ、［粗暴］な取扱いをしないこと。

□ ［可燃性］ガスの容器置場には、携帯［電燈］以外の［燈火］を携えて立ち入らないこと。

● 高圧ガスの貯蔵方法の技術上の基準

□ ［可燃性］ガス又は［毒性］ガスの貯蔵は、［通風］の良い場所に設置された［貯槽］によりすること。

□ 貯蔵は、船、車両、鉄道車両に固定、［積載］した［容器］によりしないこと。ただし、次の場合は除外されている。

［消火］の用に供する［不活性］ガス

［緊急］事態に使用する［車両］に搭載した［緊急］時に使用する［高圧］ガス

重要度：🔥🔥

No.
19
/31

高圧ガスの移動

車両に積載した容器による高圧ガスの移動に係る技術上の基準などについて学習しよう。移動に関する事項は、ガスの種類に関わらず規定されるもの、可燃性・毒性ガスに限って規定されるものを理解しておこう。

Step1 図解 目に焼き付けろ！

車両に積載した容器による高圧ガスの移動に係る技術上の基準の適用範囲

規定	可燃性ガス	毒性ガス	不活性ガス（特定不活性ガスを除く）
一般規第50条：警戒標の掲示（緊急用等を除く省令で定める内容積を超える）	○	○	○
一般規第50条：容器の衝撃損傷防止、粗暴な取扱い禁止（5L超）	○	○	○
一般規第50条：木枠・パッキン	−	○	−
一般規第50条：消火設備（省令で定める内容積を超える）	○	−	−
一般規50条：保護具・応急措置の資材等	−	○	−
一般規第50条：注意事項を記載した書面の交付・携帯・遵守（省令で定める内容積を超える）	○	○	○

○：適用、−：適用除外

- 一般規第50条「木枠・パッキン」と「保護具・応急措置の資材等」は、毒性ガスに適用される。
- 一般規第50条「消火設備」は、可燃性ガスに適用される。

Step2 解説 爆裂に読み込め！

高圧ガスの移動に係る保安上の措置及び技術上の基準

高圧ガスの移動に係る保安上の措置及び技術上の基準については、高圧ガス保安法第23条、一般高圧ガス保安規則第48条に次のように規定されている。

> （移動）
> 法第二十三条　高圧ガスを移動するには、その容器について、経済産業省令で定める保安上必要な措置を講じなければならない。
> 2　車両（道路運送車両法（昭和二十六年法律第百八十五号）第二条第一項に規定する道路運送車両をいう。）により高圧ガスを移動するには、その積載方法及び移動方法について経済産業省令で定める技術上の基準に従つてしなければならない。

> （移動に係る保安上の措置及び技術上の基準）
> 一般規第四十八条　法第二十三条第一項の経済産業省令で定める保安上必要な措置及び同条第二項の経済産業省令で定める技術上の基準は、次条及び第五十条に定めるところによる。
> （車両に固定した容器による移動に係る技術上の基準等）
> 一般規第四十九条
> （その他の場合における移動に係る技術上の基準等）
> 一般規第五十条

高圧ガスの移動に係る保安上の措置及び技術上の基準についてまとめると、次のとおりである。

- 高圧ガスを**移動**するには、**容器**について省令で定める**保安**上必要な措置を講じなければならない。
- **車両**により高圧ガスを**移動**するには、**積載**方法及び**移動**方法について省令で定める技術上の基準に従わなければならない。
- 車両に**固定**した容器による移動の技術上の基準と**その他**の場合における移動に係る技術上の基準が規定されている。

本試験では、車両に積載した容器による高圧ガスの移動が出題されるぞ。車両に積載した容器による高圧ガスの移動の基準は、その他の場合における高圧ガスの移動に係る技術上の基準が適用されるんだ。

車両に積載した容器による高圧ガスの移動に係る技術上の基準

その他、車両に積載した容器による高圧ガスの移動に係る技術上の基準については、一般高圧ガス保安規則第50条に次のように規定されている。

（その他の場合における移動に係る技術上の基準等）
一般規第五十条　前条に規定する場合以外の場合における法第二十三条第一項の経済産業省令で定める保安上必要な措置及び同条第二項の経済産業省令で定める技術上の基準は、次の各号に掲げるものとする。
一　充填容器等を車両に積載して移動するとき（容器の内容積が二十五リットル以下である充填容器等（毒性ガスに係るものを除く。）のみを積載した車両であつて、当該積載容器の内容積の合計が五十リットル以下である場合を除く。）は、当該車両の見やすい箇所に警戒標を掲げること。ただし、次に掲げるもののみを積載した車両にあつては、この限りでない。
イ　消防自動車、救急自動車、レスキュー車、警備車その他の緊急事態が発生した場合に使用する車両において、緊急時に使用するための充填容器等
ロ　冷凍車、活魚運搬車等において移動中に消費を行うための充填容器等
ハ　タイヤの加圧のために当該車両の装備品として積載する充填容器等（フルオロカーボン、炭酸ガスその他の不活性ガスを充填したものに限る。）
ニ　当該車両の装備品として積載する消火器
五　充填容器等（内容積が五リットル以下のものを除く。）には、転落、転倒等による衝撃及びバルブの損傷を防止する措置を講じ、かつ、粗暴な取扱いをしないこと。
八　毒性ガスの充填容器等には、木枠又はパッキンを施すこと。
九　可燃性ガス、特定不活性ガス、酸素又は三フッ化窒素の充填容器等を車両に積載して移動するときは、消火設備並びに災害発生防止のための応急措置に必要な資材及び工具等を携行すること。ただし、容器の内容積が二十五リットル以下である充填容器等のみを積載した車両であつて、当該積載容器の内容積の合計が五十リットル以下である場合にあつては、この限りでない。
十　毒性ガスの充填容器等を車両に積載して移動するときは、当該毒性ガスの種類に応じた防毒マスク、手袋その他の保護具並びに災害発生防止のための応急措置に必要な資材、薬剤及び工具等を携行すること。
十四　前条第一項第二十一号に規定する高圧ガスを移動するとき（当該ガスの充填容器等を車両に積載して移動するときに限る。）は、同号の基準を準用する。ただし、容器の内容積が二十五リットル以下である充填容器等（毒性ガスに係るものを

除き、高圧ガス移動時の注意事項を示したラベルが貼付されているものに限る。）のみを積載した車両であつて、当該積載容器の内容積の合計が五十リットル以下である場合にあつては、この限りでない。

「前条第一項第二十一号」とは下記を指す。

一般規第四十九条
二十一　可燃性ガス、毒性ガス、特定不活性ガス又は酸素の高圧ガスを移動するときは、当該高圧ガスの名称、性状及び移動中の災害防止のために必要な注意事項を記載した書面を運転者に交付し、移動中携帯させ、これを遵守させること。

車両に積載した容器による高圧ガスの移動に係る技術上の基準についてまとめると、次のとおりである。

①緊急車両の緊急用等を除く規定の内容積を超える充填容器等を車両に積載して移動するときは、**警戒標**を掲げること。ただし**毒性**ガスは容器の内容積の値に関わらず**警戒標**を掲げること。
②規定の内容積を超える充填容器等には、**衝撃・損傷**を防止する措置を講じ、**粗暴**な取扱いをしないこと。
③**毒性**ガスの充填容器等には、木枠又は**パッキン**を施すこと。
④規定の内容積を超える**可燃性**ガス、**特定**不活性ガス、**酸素**等の充填容器等を車両に積載して移動するときは、**消火**設備並びに応急措置に必要な資材及び工具等を携行すること。
⑤**毒性**ガスの充填容器等を車両に積載して移動するときは、**防毒**マスク、手袋他の**保護**具並びに**応急**措置に必要な資材、薬剤及び工具等を携行すること。
⑥**可燃性**ガス、**毒性**ガス、**特定**不活性ガス又は**酸素**の高圧ガスの充填容器等を車両に積載して移動するときは、**注意**事項を記載した**書面**を運転者に交付し、移動中**携帯**させ、**遵守**させること。ただし、容器の内容積が規定の値以下である充填容器等（**毒性**ガスに係るものを除き、注意事項を示した**ラベル**が貼付されているものに限る。）はこの限りでない。

ポイントは次の通りよ！

- 充填容器等には残ガス容器も含まれる。したがって、車両に積載した容器による高圧ガスの移動に係る技術上の基準は、残ガス容器にも適用される。
- 警戒標の掲示と注意事項の書面の交付・携帯・遵守は、毒性ガスの場合は容器の内容積の値に関わらず適用される。
- 毒性ガスを除く規定の内容積の値以下の容器は、注意事項を示したラベルが貼付されている場合に限り、書面の交付等が除外される。
- 粗暴に扱ってはならないのは、貯蔵時も移動時も同じだ。

Step3 暗記 何度も読み返せ!

● 車両に積載した容器による高圧ガスの移動に係る技術上の基準

- □ 緊急車両の緊急用等を除く規定の内容積を超える充填容器等を車両に積載して移動するときは、[警戒標] を掲げること。ただし [毒性] ガスは容器の内容積の値に関わらず [警戒標] を掲げること。
- □ 規定の内容積を超える充填容器等には、[衝撃・損傷] を防止する措置を講じ、[粗暴] な取扱いをしないこと。
- □ [毒性] ガスの充填容器等には、木枠又は [パッキン] を施すこと。
- □ 規定の内容積を超える [可燃性] ガス、[特定] 不活性ガス、[酸素] 等の充填容器等を車両に積載して移動するときは、[消火] 設備並びに応急措置に必要な資材及び工具等を携行すること。
- □ [毒性] ガスの充填容器等を車両に積載して移動するときは、[防毒マスク、手袋他の [保護具] 並びに [応急] 措置に必要な資材、薬剤及び工具等を携行すること。
- □ [可燃性] ガス、[毒性] ガス、[特定] 不活性ガス又は [酸素] の高圧ガスの充填容器等を車両に積載して移動するときは、[注意] 事項を記載した [書面] を運転者に交付し、移動中 [携帯] させ、[遵守] させること。ただし、容器の内容積が規定の値以下である充填容器等 ([毒性] ガスに係るものを除き、注意事項を示した [ラベル] が貼付されているものに限る。) はこの限りでない。

重要度：🔥🔥🔥

No. 20 /31

高圧ガスの容器

高圧ガスの容器の刻印、表示、容器への高圧ガスの充てん、容器検査と容器再検査、附属品検査と附属品再検査、廃棄するときのくず化処分などについて学習しよう。

Step1 図解 目に焼き付けろ!

容器の刻印と表示の例（液化アンモニア）

刻印
- 高圧ガスの種類
- 記号・番号
- 内容積
- 容器検査に合格した年月
- 最高充填圧力　など

液化アンモニア

「燃」や「毒」の高圧ガスの性質を示す文字は、刻印ではなく、遠くからでもよくわかるように表示する必要があるぞ！

Step2 解説 爆裂に読み込め！

高圧ガスの容器の刻印

刻印(こくいん)とは、文字や記号を部材に刻み込むことをいう。ここでは鋼板などで構成される容器の表面に文字や記号を刻みこむことをいう。高圧ガスの容器の刻印については、高圧ガス保安法、容器保安規則に次のように規定されている。

（刻印等）
法第四十五条　経済産業大臣、協会又は指定容器検査機関は、容器が**容器検査**に合格した場合において、その容器が刻印をすることが困難なものとして経済産業省令で定める容器以外のものであるときは、**速やかに**、経済産業省令で定めるところにより、その容器に、**刻印**をしなければならない。

（刻印等の方式）
容規第八条　法第四十五条第一項の規定により、刻印をしようとする者は、容器の厚肉の部分の見やすい箇所に、明瞭に、かつ、消えないように次の各号に掲げる事項をその順序で刻印しなければならない。
三　充填すべき高圧ガスの**種類**（略、その他の容器にあつては高圧ガスの**名称**、**略称**又は**分子式**）
五　容器の**記号**（略）及び**番号**（略）
六　**内容積**（記号　V、単位　リットル）
九　**容器検査**に合格した年月（略）
十二　圧縮ガスを充填する容器、超低温容器及び液化天然ガス自動車燃料装置用容器にあつては、**最高充填**圧力（記号　FP、単位　メガパスカル）及びM

高圧ガスの容器の刻印に関する事項をまとめると、次のとおりである。

①高圧ガス保安協会、指定容器検査機関等は、容器が**容器検査**に合格した場合、**刻印**することが困難なものを除き、**速やかに**容器に**刻印**しなければならない。
②刻印すべき主な事項は次のとおりである。

- 充填すべき高圧ガスの**種類**（高圧ガスの**名称**、**略称**又は**分子式**）
- 容器の**記号**及び**番号**
- **内容積**（記号：V、単位：リットル）
- **容器検査**に合格した年月
- 圧縮ガスを充填する容器等は**最高充填**圧力（記号：FP、単位：メガパスカ

ル）及びM

「容器検査に合格した年月」は刻印すべき事項だが、「次回の容器再検査の年月日」は刻印すべき事項ではない。よく問われるので間違えないようにしよう！

高圧ガスの容器の表示

高圧ガスの容器の表示に関する事項は、容器保安規則に次のように規定されている。

（表示の方式）
容規第十条
一　次の表の左欄に掲げる高圧ガスの種類に応じて、それぞれ同表の右欄に掲げる塗色をその容器の外面（断熱材で被覆してある容器にあつては、その断熱材の外面。次号及び第三号において同じ。）の見やすい箇所に、容器の表面積の二分の一以上について行うものとする。

高圧ガスの種類	塗色の区分
酸素ガス	黒色
水素ガス	赤色
液化炭酸ガス	緑色
液化アンモニア	白色
液化塩素	黄色
アセチレンガス	かつ色
その他の種類の高圧ガス	ねずみ色

二　容器の外面に次に掲げる事項を明示するものとする。
イ　充填することができる高圧ガスの名称
ロ　充填することができる高圧ガスが可燃性ガス及び毒性ガスの場合にあつては、当該高圧ガスの性質を示す文字（可燃性ガスにあつては「燃」、毒性ガスにあつては「毒」）
三　容器の外面に容器の所有者（当該容器の管理業務を委託している場合にあつては容器の所有者又は当該管理業務受託者）の氏名又は名称、住所及び電話番号（以下この条において「氏名等」という。）を明示するものとする。
2　前項第三号の規定により氏名等の表示をした容器の所有者は、その氏名等に変更があつたときは、遅滞なく、その表示を変更するものとする。この場合においては、前項第三号の例により表示を行うものとする。

高圧ガスの容器の表示に関する事項をまとめると、次のとおりである。

①高圧ガスの種類に応じた塗色を容器外面の表面積の1／2以上について行う。
②主な高圧ガスの種類に応じた塗色は次のとおりである。
- 液化アンモニア：白色
- 液化塩素：黄色
- その他の種類の高圧ガス：ねずみ色

③容器の外面に次の事項を明示する。
- 充填することができる高圧ガスの名称
- 高圧ガスの性質を示す文字（可燃性ガス「燃」、毒性ガス「毒」）

④容器の外面に所有者の氏名等を明示する。
⑤氏名等に変更があったときは、遅滞なく、表示を変更する。

高圧ガスの容器の表示のポイントは次のとおりよ。
- 氏名等の変更は、次回の容器再検査時ではなく、遅滞なく表示を変更する必要がある。
- 液化アンモニアの容器には、「燃」と「毒」の両方の表示が必要である。
- 「燃」や「毒」は、高圧ガスの名称が表示されていても、表示が必要である。

高圧ガスの容器への充てん

高圧ガスの容器への充てんについては、高圧ガス保安法、容器保安規則に次のように規定されている。

（充てん）
法第四十八条
高圧ガスを容器（再充てん禁止容器を除く。以下この項において同じ。）に充てんする場合は、その容器は、次の各号のいずれにも該当するものでなければならない。
五　容器検査若しくは容器再検査を受けた後又は自主検査刻印等がされた後経済産業省令で定める期間を経過した容器又は損傷を受けた容器にあつては、容器再検査を受け、これに合格し、かつ、次条第三項の刻印又は同条第四項の標章の掲示がされているものであること。
4　容器に充てんする高圧ガスは、次の各号のいずれにも該当するものでなければならない。
一　刻印等又は自主検査刻印等において示された種類の高圧ガスであり、かつ、圧縮ガスにあつてはその刻印等又は自主検査刻印等において示された圧力以下のものであり、液化ガスにあつては経済産業省令で定める方法によりその刻印等又は自主検査刻印等において示された内容積に応じて計算した質量以下のものであること。

（液化ガスの質量の計算の方法）
容規第二十二条　法第四十八条第四項各号の経済産業省令で定める方法は、次の算式によるものとする。
G=V／C
この式においてG、V及びCは、それぞれ次の数値を表わすものとする。
G　液化ガスの質量（単位　キログラム）の数値
V　容器の内容積（単位　リットル）の数値
C　（略）液化ガスの種類に応じて、それぞれ同表の下欄に掲げる定数

高圧ガスの容器への充てんに関する事項をまとめると、次のとおりである。

①高圧ガスを充てんする容器は、容器検査若しくは**容器再検査**に合格し、かつ、**刻印等**がされているものであること。
②容器に充てんする高圧ガスは、次に該当するものでなければならない。
- **刻印**等に示された**種類**の高圧ガスであること
- **圧縮**ガスは**刻印**等に示された**圧力**以下のものであること
- **液化**ガスは**刻印**等に示された**内容積**に応じて計算した**質量**以下のものであること

③容器に充填できる液化ガスの**質量**は、**内容積**を液化ガスの種類に応じて掲げる定数で**除して**算定する。

高圧ガスを充てんできる容器は、容器検査または容器再検査に合格し、かつ、刻印があるものだ。刻印がない容器に高圧ガスを充てんしてはならないぞ。

➔ 高圧ガスの容器再検査

高圧ガスの容器再検査に関する事項は、高圧ガス保安法、容器保安規則に次のように規定されている。

> （容器再検査）
> 法第四十九条
> 3　経済産業大臣、協会、指定容器検査機関又は容器検査所の登録を受けた者は、容器が容器再検査に合格した場合において、その容器が第四十五条第一項の経済産業省令で定める容器以外のものであるときは、速やかに、経済産業省令で定めるところにより、その容器に、刻印をしなければならない。

> （容器再検査の期間）
> 容規第二十四条
> 一　溶接容器、超低温容器及びろう付け容器（次号及び第七十一条において「溶接容器等」といい、次号の溶接容器等及び第八号の液化石油ガス自動車燃料装置用容器を除く。）については、製造した後の経過年数（以下この条、第二十七条及び第七十一条において「経過年数」という。）二十年未満のものは五年、経過年数二十年以上のものは二年

高圧ガスの容器再検査に関する事項をまとめると、次のとおりである。

①高圧ガス保安協会、指定容器検査機関等は、容器が**容器再検査**に合格した場合、**刻印**することが困難なものを除き、**速やかに**、容器に**刻印**しなければならない。

②溶接容器等の容器再検査の期間は、経過年数**20**年未満のものは**5**年、経過年数**20**年以上のものは**2**年である。

つまり、容器再検査の期間は経過年数により定められているんですね！

高圧ガス容器の附属品検査

附属品検査について、高圧ガス保安法に次のように規定されている。

（刻印）
法第四十九条の三　経済産業大臣、協会又は指定容器検査機関は、附属品が附属品検査に合格したときは、速やかに、経済産業省令で定めるところにより、その附属品に、刻印をしなければならない。
（附属品再検査）
法第四十九条の四
3　経済産業大臣、協会、指定容器検査機関又は容器検査所の登録を受けた者は、附属品が附属品再検査に合格したときは、速やかに、経済産業省令で定めるところにより、その附属品に、刻印をしなければならない。

附属品検査に関する事項をまとめると、次のとおりである。

- 高圧ガス保安協会、指定容器検査機関等は、附属品が附属品検査及び附属品再検査に合格したときは、速やかに、附属品に、刻印をしなければならない。

検査・再検査と刻印の規定は、容器だけではなく、バルブ、安全弁、緊急しゃ断装置等の附属品にも定められている。このことも出題されているので、よく理解しておこう！

高圧ガスの容器・附属品の廃棄処分

高圧ガスの容器・附属品の廃棄処分について、高圧ガス保安法に次のように規定されている。

（くず化その他の処分）
法第五十六条
5　容器又は附属品の廃棄をする者は、くず化し、その他容器又は附属品として使用することができないように処分しなければならない。

くず化とはスクラップにするということだ。くず化処分の規定も、容器だけではなく、バルブ、安全弁、緊急しゃ断装置等の附属品にも定められている。このことも出題されているので、よく理解しておこう。

Step3 暗記 何度も読み返せ！

- 高圧ガス容器の刻印

☐ 充填すべき高圧ガスの［種類］（高圧ガスの［名称］、［略称］又は［分子］式）
☐ 容器の［記号］及び［番号］
☐ ［内容積］（記号：V、単位：リットル）
☐ ［容器検査］に合格した年月
☐ 圧縮ガスを充填する容器等は［最高充填］圧力（記号：FP、単位：メガパスカル）及びM

- 高圧ガス容器の塗色

☐ 高圧ガスの種類に応じた塗色を容器外面の表面積の［1／2］以上について行う。
☐ 液化アンモニア：［白］色
☐ 液化［塩素］：黄色
☐ その他の種類の高圧ガス：［ねずみ］色

- 高圧ガス容器の明示

☐ 充填することができる高圧ガスの［名称］
☐ 高圧ガスの性質を示す文字（可燃性ガス「［燃］」、毒性ガス「［毒］」）
☐ 容器の外面に所有者の［氏名］等を明示する。
☐ ［氏名］等に［変更］があったときは、［遅滞］なく、表示を［変更］する。

- 高圧ガス容器の充てん

☐ 高圧ガスを充てんする容器は、容器検査若しくは［容器再検査］に合格し、かつ、［刻印等］がされているものであること。
☐ ［液化］ガスは［刻印］等に示された［内容積］に応じて計算した［質量］以下のものであること。

- 容器再検査の期間

☐ 溶接容器等の容器再検査の期間は、経過年数［20］年未満のものは［5］年、経過年数［20］年以上のものは［2］年である。

重要度：

No. 21 /31

冷凍能力の算定基準

冷凍設備の種類（遠心式、吸収式、自然環流式・自然循環式、往復動式、回転ピストン型）ごとの冷凍能力の算定根拠になっている項目（定格出力、入熱量、蒸発器の表面積、ピストン押しのけ量等）について学習しよう。

Step1 図解 目に焼き付けろ！

冷凍設備の冷凍能力の算定の根拠

冷凍設備の種類	冷凍能力の算定根拠項目
遠心式	●圧縮機の原動機の定格出力
吸収式	●発生器を加熱する1時間の入熱量
自然環流式・自然循環式	●冷媒ガスの種類に応じた数値 ●蒸発器の冷媒ガス側の表面積
往復動式	●圧縮機の標準回転速度における1時間のピストン押しのけ量 ●冷媒ガスの種類に応じた数値
回転ピストン型	●回転ピストンのガス圧縮部分の厚さ ●回転ピストンの1分間の標準回転数 ●気筒の内径 ●ピストンの外径 ●冷媒ガスの種類に応じた数値

冷凍設備の種類と、冷凍能力の算定根拠になっている項目の組み合わせを記憶しよう！

Step2 解説 爆裂に読み込め！

遠心式圧縮機を使用する製造設備の冷凍能力の算定基準

遠心式圧縮機を使用する製造設備の冷凍能力の算定基準は、冷凍保安規則に次のように規定されている。

冷規第五条　法第五条第三項の経済産業省令で定める基準は、次の各号に掲げるものとする。
一　遠心式圧縮機を使用する製造設備にあつては、当該圧縮機の原動機の定格出力一・二キロワットをもつて一日の冷凍能力一トンとする。

遠心式圧縮機の製造設備の冷凍能力は、圧縮機の原動機の定格出力［kW］で算定される。圧縮機の原動機は、主に電動機が使用されているんだ。

吸収式冷凍設備の冷凍能力の算定基準

吸収式冷凍設備の冷凍能力の算定基準は、冷凍保安規則に次のように規定されている。

（冷凍能力の算定基準）
冷規第五条　法第五条第三項の経済産業省令で定める基準は、次の各号に掲げるものとする。
二　吸収式冷凍設備にあつては、発生器を加熱する一時間の入熱量二万七千八百キロジュールをもつて一日の冷凍能力一トンとする。

吸収式冷凍設備の冷凍能力は、発生器を加熱する一時間の入熱量で算定される。吸収式冷凍設備は冷凍するために加熱する設備で、入熱量で冷凍能力を算定するんだ。

自然環流式・自然循環式冷凍設備の冷凍能力の算定基準

自然環流式及び自然循環式冷凍設備の冷凍能力の算定基準は、冷凍保安規則に次のように規定されている。

> (冷凍能力の算定基準)
> 冷規第五条　法第五条第三項の経済産業省令で定める基準は、次の各号に掲げるものとする。
> 三　自然環流式冷凍設備及び自然循環式冷凍設備にあつては、次の算式によるものをもつて一日の冷凍能力とする。
> R＝QA
> 備考　この式において、R、Q及びAは、それぞれ次の数値を表すものとする。
> R　一日の冷凍能力（単位　トン）の数値
> Q　冷媒ガスの種類に応じて、それぞれ次の表の該当欄に掲げる数値
> A　**蒸発部**又は**蒸発器**の**冷媒ガス**に接する側の**表面積**（単位　平方メートル）の数値

自然環流式・自然循環式冷凍設備の冷凍能力の算定基準は次式で表される。

R（自然環流式・自然循環式冷凍設備1日の冷凍能力）
＝Q（冷媒ガスの種類に応じた数値）×A（**蒸発器**の**冷媒ガス**側の**表面積**）

自然環流式冷凍設備及び自然循環式冷凍設備は、圧縮機などの機械を用いずに冷媒を自然の力により冷凍装置内をめぐらせる冷凍設備をいう。

その他の冷凍設備の冷凍能力の算定基準

その他の冷凍設備（往復動式圧縮機、回転ピストン型圧縮機等の遠心式以外の圧縮機を使用した冷凍設備）の冷凍能力の算定基準は、冷凍保安規則に次のように規定されている。

（冷凍能力の算定基準）
冷規第五条　法第五条第三項の経済産業省令で定める基準は、次の各号に掲げるものとする。
四　前三号に掲げる製造設備以外の製造設備にあつては、次の算式によるものをもつて一日の冷凍能力とする。
R＝V／C
この式において、R、V及びCは、それぞれ次の数値を表すものとする。
R　一日の冷凍能力（単位　トン）の数値
V　多段圧縮方式又は多元冷凍方式による製造設備にあつては次のイの算式により得られた数値、回転ピストン型圧縮機を使用する製造設備にあつては次のロの算式により得られた数値、その他の製造設備にあつては圧縮機の標準回転速度における一時間のピストン押しのけ量（単位　立方メートル）の数値
C　冷媒ガスの種類に応じて、それぞれ次の表の該当欄に掲げる数値又は算式により得られた数値

その他の冷凍設備（往復動式圧縮機、回転ピストン型圧縮機等の遠心式以外の圧縮機を使用した冷凍設備）の冷凍能力の算定基準についてまとめると、次のとおりである。

1. 往復動式圧縮機を使用した冷凍設備の冷凍能力の算定基準

往復動式圧縮機を使用した冷凍設備の冷凍能力の算定基準は、次式で表される。

$$R\text{（往復動式圧縮機を使用した冷凍設備の冷凍能力）} = \frac{V\text{（圧縮機の標準回転速度における1時間のピストン押しのけ量）}}{C\text{（冷媒ガスの種類に応じて定められた数値）}}$$

2. 回転ピストン型圧縮機を使用した冷凍設備の冷凍能力の算定基準

回転ピストン型圧縮機を使用した冷凍設備の冷凍能力の算定基準は、次式で表される。

$$R\text{（回転ピストン型圧縮機を使用した冷凍設備の冷凍能力）} = \frac{V\text{（算式により得られた数値）}}{C\text{（冷媒ガスの種類に応じて定められた数値）}}$$

また、V（算式により得られた数値）は下記の項目より算定される。

①回転ピストンのガス圧縮部分の厚さ
②回転ピストンの1分間の標準回転数
③気筒の内径
④ピストンの外径

その他の冷凍設備（往復動式圧縮機、回転ピストン型圧縮機等の遠心式以外の圧縮機を使用した冷凍設備）の冷凍能力の算定基準には、冷媒設備内の冷媒ガスの充填量の数値は規定されていない。このこともよく問われるので覚えておこう！

Step3 暗記 何度も読み返せ！

- 冷規第五条　法第五条第三項の経済産業省令で定める基準は、次の各号に掲げるものとする。

□ 遠心式圧縮機を使用する製造設備にあっては、当該［圧縮］機の［原動］機の定格［出力］1．2キロワットをもつて1日の冷凍能力1トンとする。

□ 吸収式冷凍設備にあっては、［発生］器を［加熱］する1時間の［入熱］量27800キロジュールをもつて1日の冷凍能力1トンとする。

□ R（自然環流式・自然循環式冷凍設備1日の冷凍能力）
＝Q(冷媒ガスの種類に応じた数値)×A(［蒸発］器の［冷媒ガス］側の［表面積］)

□ R（往復動式圧縮機を使用した冷凍設備の冷凍能力）

$$= \frac{V(\text{圧縮機の標準回転速度における1時間の［ピストン］押しのけ量})}{C(\text{［冷媒ガス］の種類に応じて定められた数値})}$$

□ R（回転ピストン型圧縮機を使用した冷凍設備の冷凍能力）

$$= \frac{V(\text{［算式］により得られた数値})}{C(\text{［冷媒ガス］の種類に応じて定められた数値})}$$

重要度：🔥

No. 22 /31

第2種製造者

第2種製造者とは、都道府県知事に届出が必要な高圧ガス製造者をいう。第2種製造者の届出、技術上の基準、設置・変更工事後の試運転・気密試験、冷凍保安責任者の選任、定期自主検査について学習しよう。

Step1 図解 目に焼き付けろ！

第2種製造者に関する主な事項

- 不活性のフルオロカーボン及び二酸化炭素：1日の冷凍能力20トン以上50トン未満
- 不活性以外のフルオロカーボン及びアンモニア：1日の冷凍能力5トン以上50トン未満
- その他：1日の冷凍能力3トン以上20トン未満
- 事業開始の日の20日前までに知事に届出が必要である。
- 技術基準が規定されている。
- 変更工事後、試運転または気密試験が必要である。
- 一部の第2種製造者には、冷凍保安責任者の選任が必要である。
- 一部の第2種製造者には、定期自主検査が必要である。

冷凍保安責任者の選任と定期自主検査の実施は、第2種製造者のうち一部のものに義務付けられているぞ！

Step2 解説

爆裂に読み込め！

第2種製造者の届出

第2種製造者の届出については、高圧ガス保安法に次のように規定されている。

（製造の許可等）
法第五条
2　次の各号の一に該当する者は、事業所ごとに、当該各号に定める日の二十日前までに、製造をする高圧ガスの種類、製造のための施設の位置、構造及び設備並びに製造の方法を記載した書面を添えて、その旨を都道府県知事に届け出なければならない。
一　高圧ガスの製造の事業を行う者（前項第一号に掲げる者及び冷凍のため高圧ガスの製造をする者並びに液化石油ガス法第二条第四項の供給設備に同条第一項の液化石油ガスを充てんする者を除く。）　事業開始の日

第2種製造者の届出についてまとめると、次のとおりである。

①事業開始の日の20日前までに、高圧ガス製造事業を行う者が都道府県知事に届け出なければならない。
②製造するガスの種類により、届出が必要な1日の冷凍能力の範囲が定められている。

表22-1：届出が必要な１日の冷凍能力の範囲

冷媒の種類	1日の冷凍能力
不活性のフルオロカーボン及び二酸化炭素	20トン以上50トン未満
不活性以外のフルオロカーボン及びアンモニア	5トン以上50トン未満
その他	3トン以上20トン未満

届出の期日は、「事業開始後遅滞なく」ではなく、事業開始20日前だ！

第2種製造者の技術上の基準

第2種製造者の技術上の基準については、高圧ガス保安法に次のように規定されている。

> 法第十二条　第二種製造者は、製造のための施設を、その位置、構造及び設備が経済産業省令で定める技術上の基準に適合するように維持しなければならない。
> 2　第二種製造者は、経済産業省令で定める技術上の基準に従つて高圧ガスの製造をしなければならない。

全ての第2種製造者は、施設を技術上の基準に適合するように維持し、技術上の基準に従って製造しなければならないぞ！

第2種製造者の設置・変更工事後の試運転・気密試験

第2種製造者の変更工事後の試運転・気密(きみつ)試験については、冷凍保安規則に次のように規定されている。

> 冷規第十四条　法第十二条第二項の経済産業省令で定める技術上の基準は、次の各号に掲げるものとする。
> 一　製造設備の設置又は変更の工事を完成したときは、酸素以外のガスを使用する試運転又は許容圧力以上の圧力で行う気密試験（空気を使用するときは、あらかじめ、冷媒設備中にある可燃性ガスを排除した後に行うものに限る。）を行つた後でなければ製造をしないこと。

法第十二条第二項とは、第2種製造者の製造の技術上の基準に関する項だ。したがって、全ての第2種製造者は、製造設備の設置・変更の工事を完成したときは、試運転又は気密試験を製造前にしなければならないんだ。

第2種製造者の冷凍保安責任者の選任

第2種製造者の冷凍保安責任者の選任については、高圧ガス保安法に次のように規定されている。

> (冷凍保安責任者)
> 法第二十七条の四　次に掲げる者は、事業所ごとに、経済産業省令で定めるところにより、製造保安責任者免状の交付を受けている者であつて、経済産業省令で定める高圧ガスの製造に関する経験を有する者のうちから、冷凍保安責任者を選任し、第三十二条第六項に規定する職務を行わせなければならない。
> 二　第二種製造者であつて、第五条第二項第二号に規定する者（一日の冷凍能力が経済産業省令で定める値以下の者及び製造のための施設が経済産業省令で定める施設である者その他経済産業省令で定める者を除く。）

第2種製造者の冷凍保安責任者の選任は、一部の者は除外され、一部の者に適用される。
したがって、「全ての第2種製造者は冷凍保安責任者を選任しなければならない。」も「全ての第2種製造者は冷凍保安責任者を選任しなくてもよい。」も誤りだ！

第2種製造者の定期自主検査

第2種製造者の定期自主検査については、高圧ガス保安法に次のように規定されている。

> (定期自主検査)
> 法第三十五条の二　第一種製造者、第五十六条の七第二項の認定を受けた設備を使用する第二種製造者若しくは第二種製造者であつて一日に製造する高圧ガスの容積が経済産業省令で定めるガスの種類ごとに経済産業省令で定める量（第五条第二項第二号に規定する者にあつては、一日の冷凍能力が経済産業省令で定める値）以上である者又は特定高圧ガス消費者は、製造又は消費のための施設であつて経済産業省令で定めるものについて、経済産業省令で定めるところにより、定期に、保安のための自主検査を行い、その検査記録を作成し、これを保存しなければならない。

第2種製造者の定期自主検査についてまとめると、次のとおりである。

①定期自主検査が必要な第2種製造者

- 認定を受けた第2種製造者
- 1日の冷凍能力が定める値以上の第2種製造者

②定期自主検査を行い、検査記録を保存しなければならない。

第2種製造者の定期自主検査の実施は、一部の者は除外され、一部の者に適用される。
したがって、「全ての第2種製造者は定期自主検査を実施しなければならない。」も「全ての第2種製造者は定期自主検査を実施しなくてもよい。」も誤りだ。

その他「製造施設が危険な状態になったときは、直ちに、応急の措置を行うとともに製造の作業を中止し、冷媒設備内のガスを安全な場所に移し、又は大気中に安全に放出し、この作業に特に必要な作業員のほかは退避させること。」は第2種製造者にも適用される。このことも出題されているので覚えておこう。

Step3 暗記 何度も読み返せ！

● 第2種製造者の届出

□ [事業開始] の日の [20] 日前までに、高圧ガス製造事業を行う者が都道府県知事に届け出なければならない。

□ 製造する [ガス] の種類により、届出が必要な1日の [冷凍能力] の範囲が定められている。

● 第2種製造者の技術上の基準

□ [全ての] 第2種製造者は、施設を技術上の基準に適合するように維持し、技術上の基準に従って製造しなければならない。

● 第2種製造者の設置・変更工事後の試運転・気密試験

□ [全ての] 第2種製造者は、製造設備の設置・変更の工事を完成したときは、試運転又は気密試験を製造前にしなければならない。

● 第2種製造者の冷凍保安責任者の選任

□ 第2種製造者の冷凍保安責任者の選任は、一部の者は除外され、一部の者に適用される。

● 定期自主検査が必要な第2種製造者

□ [認定] を受けた第2種製造者

□ 1日の [冷凍能力] が定める値以上の第2種製造者

燃えろ! 演習問題

問題

次の文章の正誤を答えよ。

01 高圧ガス保安法は、高圧ガスによる災害を防止するため、高圧ガスの製造、貯蔵、販売、移動その他の取扱及び消費並びに容器の製造及び取扱を規制するとともに、民間事業者及び高圧ガス保安協会による高圧ガスの保安に関する自主的な活動を促進し、公共の安全を確保することを目的としている。

02 常用の温度において、圧力（ゲージ圧力）が1MPa以上となる圧縮ガスであって、現にその圧力が1MPa以上であるもの、または温度35度において圧力が1MPa以上となる圧縮ガス（圧縮アセチレンガスを除く。）は高圧ガスである。

03 常用の温度において、圧力が0.2MPa以上となる圧縮アセチレンガスであって、現にその圧力が0.2MPa以上であるもの、または温度15度において圧力が0.2MPa以上となる圧縮アセチレンガスは高圧ガスではない。

04 常用の温度において、圧力が0.2MPa以上となる液化ガスであって、現にその圧力が0.2MPa以上であるもの、または圧力が0.2MPaとなる場合の温度が35度以上である液化ガスは高圧ガスであると規定されている。

05 第1種製造者の法人または事業所を承継した法人は、第1種製造者の地位を承継する。承継した者は遅滞なく、都道府県知事に届け出なければならない。

06 第1種製造者は、事業所ごとに、製造施設に異常があった年月日ととった措置を記載した帳簿を備え、記載の日から5年間保存しなければならない。

07 第1種製造者、第2種製造者、販売業者等は、高圧ガスについて災害が発生したとき、容器を喪失したとき、容器を盗まれたときには、遅滞なく、都道府県知事または消防官に届け出なければならない。

08 高圧ガスの貯蔵設備の技術上の基準において、充填容器及び残ガス容器にそれぞれ区分して容器置場に置かなくてもよい。

09 高圧ガスの貯蔵設備の技術上の基準において、可燃性ガス、毒性ガス、特定不活性ガス及び酸素の充填容器等は、それぞれ区分して容器置場に置くこと。

10 高圧ガスの貯蔵設備の技術上の基準において、充填容器等（圧縮水素運送自動車用容器を除く。）は、常に温度55度以下に保つこと。

11 高圧ガスの貯蔵設備の技術上の基準において、充填容器等（内容積が10L以下のものを除く。）には、転落、転倒等による衝撃及びバルブの損傷を防止する措置を講じ、かつ、粗暴な取扱いをしないこと。

12 高圧ガスの貯蔵設備の技術上の基準において、可燃性ガスの容器置場には、携帯電燈以外の燈火を携えて立ち入らないこと。

13 高圧ガスの貯蔵方法の技術上の基準において、可燃性ガス又は毒性ガスの貯蔵は、通風の良い場所に設置された貯槽によりすること。

14 緊急車両の緊急用等を除く規定の内容積を超える充填容器等を車両に積載して移動するときは、警戒標を掲げること。ただし可燃性ガスは容器の内容積の値に関わらず警戒標を掲げること。

15 車両に積載した容器による高圧ガスの移動に係る技術上の基準において、不活性ガスの充填容器等には、木枠又はパッキンを施すこと。

16 規定の内容積を超える可燃性ガス、特定不活性ガス、酸素等の充填容器等を車両に積載して移動するときは、消火設備並びに応急措置に必要な資材及び工具等を携行すること。

17 毒性ガスの充填容器等を車両に積載して移動するときは、防じんマスク、手袋他の保護具並びに応急措置に必要な資材、薬剤及び工具等を携行すること。

18 可燃性ガス、毒性ガス、特定不活性ガス又は酸素の高圧ガスの充填容器等を車両に積載して移動するときは、注意事項を記載した書面を運転者に交付し、移動中携帯させ、遵守させること。ただし、容器の内容積が規定の値以下である充填容器等（毒性ガスに係るものを除き、注意事項を示したラベルが貼付されているものに限る。）はこの限りでない。

19 高圧ガス容器にすべき刻印の内容に、充填すべき高圧ガスの種類（高圧ガスの名称、略称又は分子式）がある。

20 高圧ガス容器にすべき刻印の内容に、容器の記号及び番号がある。

21 高圧ガス容器にすべき刻印の内容に、内容積（記号　V、単位　リットル）がある。

22 高圧ガス容器にすべき刻印の内容に、容器の再検査をすべき年月がある。

23 高圧ガス容器にすべき刻印の内容に、圧縮ガスを充填する容器等は最高充填圧力（記号：FP、単位：MPa）及びMがある。

24 高圧ガス容器には、高圧ガスの種類に応じた塗色を容器外面の表面積の1／3以上について行う。

25　液化アンモニアの高圧ガス容器の塗色は黄色である。

26　液化窒素の高圧ガス容器の塗色は黄色である。

27　窒素の高圧ガス容器の塗色はねずみ色である。

28　高圧ガス容器には、充填することができる高圧ガスの名称を明示する。

29　高圧ガス容器には、高圧ガスの性質を示す文字（可燃性ガス「燃」、毒性ガス「毒」）を明示する。

30　高圧ガス容器の外面に所有者の氏名等を明示する。氏名等に変更があったときは、遅滞なく、表示を変更する。

31　高圧ガスを充てんする容器は、容器検査若しくは容器再検査に合格し、かつ、刻印等がされているものであること。

32　溶接容器等の容器再検査の期間は、経過年数20年未満のものは10年、経過年数20年以上のものは2年である。

33　往復式圧縮機を使用する製造設備にあっては、当該圧縮機の原動機の定格出力1．2キロワットをもつて1日の冷凍能力1トンとする。

34　回転式冷凍設備にあっては、発生器を加熱する1時間の入熱量27800キロジュールをもつて1日の冷凍能力1トンとする。

35　第2種製造者の届出において、事業開始の日の30日前までに、高圧ガス製造事業を行う者が都道府県知事に届け出なければならない。

解答・解説

01　○

02　○

03　×：説明のものは、高圧ガスである。

04　×：35度以上ではなく35度以下と規定されている。

05　○

06　×：保存しなくてはならない期間は「5年間」ではなく、「10年間」である。

07　×：届け出先は、「消防官」ではなく「警察官」である。

08　×：充填容器及び残ガス容器にそれぞれ区分して容器置場に置かなければならない。

09　○

10　×：常に「55度以下」ではなく、「40度以下」に保たなくてはならない。

11　×：充填容器等は「内容積が10L以下のものを除く」ではなく、「内容積が

5L以下のものを除く」である。

12 ○

13 ○

14 ×：容器の内容積の値に関わらず警戒標を掲げる必要があるのは、「可燃性ガス」ではなく「**毒性ガス**」である。

15 ×：車両に積載した容器による高圧ガスの移動に係る技術上の基準において、木枠又はパッキンを施す必要があるのは、「不活性ガス」ではなく「**毒性ガス**」である。

16 ○

17 ×：毒性ガスの充填容器等を車両に積載して移動するときは、「防じんマスク」ではなく「**防毒マスク**」を携行する。

18 ○

19 ○

20 ○

21 ○

22 ×：「容器の再検査をすべき年月」ではなく「**容器の検査に合格した年月**」を刻印する必要がある。

23 ○

24 ×：塗色は表面積の「1/3以上」ではなく「**1/2以上**」について行う。

25 ×：液化アンモニアの高圧ガス容器の塗色は、「黄色」ではなく「**白色**」である。

26 ×：「液化窒素」ではなく、「液化**塩素**」の高圧ガス容器の塗色が黄色である。

27 ○：窒素は「その他のガス」に該当する。

28 ○

29 ○

30 ○

31 ○

32 ×：溶接容器等の容器再検査の期間は、経過年数20年未満のものは「5年」、経過年数20年以上のものは2年である。

33 ×：問題文の説明は、「往復式圧縮機」ではなく、「**遠心**式圧縮機」のものである。

🔥34　×：問題文の説明は、「回転式冷凍設備」ではなく、「吸収式冷凍設備」のものである。

🔥35　×：届け出は、事業開始の日の「30日前まで」ではなく「20日前まで」にしなくてはならない。

第5章

製造施設の管理

アクセスキー　U
（大文字のユー）

重要度：🔥🔥🔥

No. 23 /31 冷凍保安責任者

冷凍保安責任者とは、法に定められた職務を行わせるために事業所ごとに選任される者をいう。冷凍保安責任者の選任・解任、選任要件、代理者、指示、定期自主検査の監督について学習しよう。

Step1 図解 目に焼き付けろ!

冷凍保安責任者に関する主な事項

- 種別：1種、2種、3種
- 3種は1日の冷凍能力100トン未満に選任可
- 所定の免状と経験のある者を選任する必要がある。
- 選任も解任も届出が必要である。
- 代理者を選任する必要がある。
- 代理者の選任も解任も届出が必要である。
- 代理者は職務を代行するときは冷凍保安責任者とみなされる。
- 従事者は冷凍保安責任者の指示に従わなければならない。
- 冷凍保安責任者に定期自主検査を監督させなければならない。

Step2 解説 爆裂に読み込め！

冷凍保安責任者の選任・解任

冷凍保安責任者の選任・解任については、高圧ガス保安法に次のように規定されている。

（冷凍保安責任者）
法第二十七条の四　次に掲げる者は、事業所ごとに、経済産業省令で定めるところにより、製造保安責任者免状の交付を受けている者であつて、経済産業省令で定める高圧ガスの製造に関する経験を有する者のうちから、冷凍保安責任者を選任し、第三十二条第六項に規定する職務を行わせなければならない。
一　第一種製造者であつて、第五条第一項第二号に規定する者（製造のための施設が経済産業省令で定める施設である者その他経済産業省令で定める者を除く。）
二　第二種製造者であつて、第五条第二項第二号に規定する者（一日の冷凍能力が経済産業省令で定める値以下の者及び製造のための施設が経済産業省令で定める施設である者その他経済産業省令で定める者を除く。）
2　第二十七条の二第五項の規定は、冷凍保安責任者の選任又は解任について準用する。

（保安統括者、保安技術管理者及び保安係員）
法二十七条の二
5　第一項第一号又は第二号に掲げる者は、同項の規定により保安統括者を選任したときは、遅滞なく、経済産業省令で定めるところにより、その旨を都道府県知事に届け出なければならない。これを解任したときも、同様とする。

冷凍保安責任者の選任・解任についてまとめると、次のとおりである。

①第1種、第2種製造者であって規定する者は省令に定めるところにより、冷凍保安責任者を選任しなければならない。
②冷凍保安責任者は、所定の免状と経験を有する者を選任する必要がある。
③冷凍保安責任者を選任したときも、解任したときも遅滞なく都道府県知事に届け出なければならない。

➔ 冷凍保安責任者の選任要件

冷凍保安責任者の選任要件については、冷凍保安規則に次のように規定されている。

（冷凍保安責任者の選任等）
冷規第三十六条

製造施設の区分	製造保安責任者免状の交付を受けている者	高圧ガスの製造に関する経験
一　一日の冷凍能力が三百トン以上のもの	第一種冷凍機械責任者免状	一日の冷凍能力が百トン以上の製造施設を使用してする高圧ガスの製造に関する一年以上の経験
二　一日の冷凍能力が百トン以上三百トン未満のもの	第一種冷凍機械責任者免状又は第二種冷凍機械責任者免状	一日の冷凍能力が二十トン以上の製造施設を使用してする高圧ガスの製造に関する一年以上の経験
三　一日の冷凍能力が百トン未満のもの	第一種冷凍機械責任者免状、第二種冷凍機械責任者免状又は第三種冷凍機械責任者免状	一日の冷凍能力が三トン以上の製造施設を使用してする高圧ガスの製造に関する一年以上の経験

冷凍保安責任者の選任要件についてまとめると、次のとおりである。

①高圧ガスの種類に関係なく、第3種冷凍機械責任者の免状と所定の経験を有している者を選任できる製造施設は、1日の冷凍能力が100トン未満のものである。

②冷凍機械責任者の免状の種別に関係なく、冷凍保安責任者を選任するためには、所定の冷凍機械責任者の**免状**とともに、所定の高圧ガスの製造に関する**経験**が必要である。

第3種冷凍保安責任者の選任可能範囲は1日の冷凍能力100トン未満ね．だから、1日の冷凍能力が100トンの製造施設には、第3種冷凍保安責任者の免状のみを有している者は選任できないのよ！

冷凍保安責任者の代理者

冷凍保安責任者の代理者については、高圧ガス保安法、冷凍保安規則に次のように規定されている。

（保安統括者等の代理者）
法第三十三条　第二十七条の二第一項第一号若しくは第二号又は第二十七条の四第一項第一号若しくは第二号に掲げる者は、経済産業省令で定めるところにより、あらかじめ、保安統括者、保安技術管理者、保安係員、保安主任者若しくは保安企画推進員又は冷凍保安責任者（以下「保安統括者等」と総称する。）の代理者を選任し、保安統括者等が旅行、疾病その他の事故によつてその職務を行うことができない場合に、その職務を代行させなければならない。この場合において、保安技術管理者、保安係員、保安主任者又は冷凍保安責任者の代理者については経済産業省令で定めるところにより製造保安責任者免状の交付を受けている者であつて、経済産業省令で定める高圧ガスの製造に関する経験を有する者のうちから、保安企画推進員の代理者については第二十七条の三第二項の経済産業省令で定める高圧ガスの製造に係る保安に関する知識経験を有する者のうちから、選任しなければならない。
2　前項の代理者は、保安統括者等の職務を代行する場合は、この法律の規定の適用については、保安統括者等とみなす。
3　第二十七条の二第五項の規定は、第一項の保安統括者又は冷凍保安責任者の代理者の選任又は解任について準用する。

（冷凍保安責任者の代理者の選任等）
冷規第三十九条　法第三十三条第一項の規定により、第一種製造者等は、第三十六条の表の上欄に掲げる製造施設の区分（認定指定設備を設置している第一種製造者等にあつては、同表の上欄各号に掲げる冷凍能力から当該認定指定設備の冷凍能力を除く。）に応じ、それぞれ同表の中欄に掲げる製造保安責任者免状の交付を受けている者であつて、同表の下欄に掲げる高圧ガスの製造に関する経験を有する者のうちから、冷凍保安責任者の代理者を選任しなければならない。

冷凍保安責任者の代理者についてまとめると、次のとおりである。

①冷凍保安責任者を選任すべき第1種、第2種製造者は、冷凍保安責任者の代理

者を選任し、冷凍保安責任者が職務をできない場合に代行させなければならない。

②冷凍保安責任者の代理者は、所定の冷凍保安責任者免状の交付を受け、所定の高圧ガスの製造に関する経験を有する者を選任しなければならない。

③冷凍保安責任者の代理者が職務を代行する場合は、冷凍保安責任者とみなされる。

④冷凍保安責任者の代理者の選任も解任も知事への届出が必要である。

代理者も免状と経験が必要だ。
代理者も選任と解任の届出が必要だ。
冷凍保安責任者が第1種冷凍保安責任者の免状を有していても、代理者の選任は必要だ。

➔ 冷凍保安責任者の指示

冷凍保安責任者の指示については、高圧ガス保安法に次のように規定されている。

> (保安統括者等の職務等)
> 法第三十二条
> 10　高圧ガスの製造若しくは販売又は特定高圧ガスの消費に従事する者は、保安統括者、保安技術管理者、保安係員、保安主任者若しくは冷凍保安責任者若しくは販売主任者又は取扱主任者がこの法律若しくはこの法律に基づく命令又は危害予防規程の実施を確保するためにする指示に従わなければならない。

従事者は、冷凍保安責任者が危害予防規程の実施を確保するためにする指示に従わなければならない。
危害予防規程はNo.26で解説する。

➔ 冷凍保安責任者の定期自主検査の監督

冷凍保安責任者の定期自主検査の監督について、冷凍保安規則に次のように規定されている。

> （定期自主検査を行う製造施設等）
> 冷規第四十四条
> 4　法第三十五条の二の規定により、第一種製造者（製造施設が第三十六条第二項各号に掲げるものである者及び第六十九条の規定に基づき経済産業大臣が冷凍保安責任者の選任を不要とした者を除く。）又は第二種製造者（製造施設が第三十六条第三項各号に掲げるものである者及び第六十九条の規定に基づき経済産業大臣が冷凍保安責任者の選任を不要とした者を除く。）は、同条の自主検査を行うときは、その選任した冷凍保安責任者に当該自主検査の実施について監督を行わせなければならない。

第1種、第2種製造者は、定期自主検査を行うときは、選任した冷凍保安責任者に監督させなければならないぞ！

Step3 暗記 **何度も読み返せ！**

- □ 第1種、第2種製造者であって規定する者は、省令に定めるところにより、[冷凍保安責任] 者を [選任] しなければならない。
- □ [冷凍保安責任] 者は、所定の [免状] と [経験] を有する者を選任する必要がある。
- □ [冷凍保安責任] 者を [選任] したときも、[解任] したときも [遅滞なく] 都道府県知事に [届け出] なければならない。
- □ 高圧ガスの種類に関係なく、第3種冷凍機械責任者の免状と所定の経験を有している者を選任できる製造施設は、1日の冷凍能力が [100] トン未満のものである。
- □ 冷凍機械責任者の免状の種別に関係なく、冷凍保安責任者を選任するためには、所定の冷凍機械責任者の [免状] とともに、所定の高圧ガスの製造に関する [経験] が必要である。
- □ 冷凍保安責任者を選任すべき第1種、第2種製造者は、冷凍保安責任者の [代理] 者を [選任] し、冷凍保安責任者が [職務] をできない場合に [代行] させなければならない。
- □ 冷凍保安責任者の代理者は、所定の冷凍保安責任者 [免状] の [交付] を受け、所定の高圧ガスの製造に関する [経験] を有する者を選任しなければならない。
- □ 冷凍保安責任者の代理者が [職務] を [代行] する場合は、[冷凍保安責任] 者とみなされる。
- □ 冷凍保安責任者の代理者の [選任] も [解任] も知事への [届出] が必要である。
- □ [従事] 者は、[冷凍保安責任] 者が [危害予防] 規程の実施を確保するためにする [指示] に従わなければならない。
- □ 第1種、第2種製造者は、[定期自主] 検査を行うときは、[選任] した [冷凍保安責任] 者に [監督] させなければならない。

重要度：🔥🔥🔥

No.
24
/31

保安検査

保安検査とは、第1種製造者が、高圧ガスの爆発その他災害が発生するおそれがある製造施設について、定期に受けなければならない都道府県知事等が行う検査をいう。保安検査に関する事項について学習しよう。

Step1 図解 目に焼き付けろ！

保安検査に関する主な事項

- 製造施設
  - 特定施設 保安検査必要
    - 知事の検査を受ける
    - 協会、検査機関の検査を受け知事に届け出る
  - その他 保安検査不要

保安検査

- 特定施設は、知事の保安検査を受けるか、協会または検査機関の検査を受け知事に届け出る必要がある。
- ヘリウム、フルオロカーボン21、フルオロカーボン114を冷媒ガスとする製造施設と認定指定設備の部分は、保安検査を受ける必要がない。
- 保安検査は、製造施設の位置、構造、設備が技術上の基準に適合しているか検査する。
- 保安検査は3年に1回受けなければならない。

特定施設は、知事の検査を受けるか、協会等の検査を受けて知事に届け出るか、どちらかをしなくてはならない。

Step2 解説

爆裂に読み込め!

保安検査

保安検査について高圧ガス保安法、冷凍保安規則に次のように規定されている。

（保安検査）
法第三十五条　第一種製造者は、高圧ガスの爆発その他災害が発生するおそれがある製造のための施設（経済産業省令で定めるものに限る。以下「特定施設」という。）について、経済産業省令で定めるところにより、定期に、都道府県知事が行う保安検査を受けなければならない。ただし、次に掲げる場合は、この限りでない。
一　特定施設のうち経済産業省令で定めるものについて、経済産業省令で定めるところにより協会又は経済産業大臣の指定する者（以下「指定保安検査機関」という。）が行う保安検査を受け、その旨を都道府県知事に届け出た場合
2　前項の保安検査は、特定施設が第八条第一号の技術上の基準に適合しているかどうかについて行う。
3　協会又は指定保安検査機関は、第一項第一号の保安検査を行つたときは、遅滞なく、その結果を都道府県知事に報告しなければならない。

（特定施設の範囲等）
冷規第四十条　法第三十五条第一項本文の経済産業省令で定めるものは、次の各号に掲げるものを除く製造施設（以下「特定施設」という。）とする。
一　ヘリウム、フルオロカーボン二十一又はフルオロカーボン百十四を冷媒ガスとする製造施設
二　製造施設のうち認定指定設備の部分
2　法第三十五条第一項本文の都道府県知事若しくは指定都市の長が行う保安検査又は同項第二号の認定保安検査実施者が自ら行う保安検査は、三年に一回受け、又は自ら行わなければならない。ただし、災害その他やむを得ない事由によりその回数で保安検査を受け、又は自ら行うことが困難であるときは、当該事由を勘案して経済産業大臣が定める期間に一回受け、又は自ら行わなければならない。

保安検査についてまとめると、次のとおりである。

①第1種製造者は、**特定施設**について定期に、**都道府県知事**が行う**保安検査**を受けなければならない。

②**高圧ガス保安協会**又は**指定保安検査機関**が行う**保安検査**を受け、都道府県知事に**届け出**た場合は、①の**都道府県知事**が行う**保安検査**を受けなくてもよい。

③保安検査は、特定施設が第8条第1号（製造施設の**位置**、**構造**、**設備**）の**技術**上の**基準**に適合しているかどうかについて行う。
④**高圧ガス保安協会**又は**指定保安検査機関**は、**保安検査**を行ったときは、**遅滞**なく都道府県知事に**報告**しなければならない。
⑤**ヘリウム**、フルオロカーボン**21**、フルオロカーボン**114**を冷媒ガスとする製造施設と**認定**指定設備の部分は、保安検査をする必要がない。
⑥保安検査は**3**年に1回受けなければならない。

保安検査でよく問われる内容は次のとおりだ!!

- 保安検査は知事または高圧ガス保安協会等が実施する。冷凍保安責任者ではない。
- 冷凍保安責任者の職務に、定期自主検査の監督は規定されているが、保安検査の監督は規定されていない。
- 第1種製造者でも、ヘリウムを冷媒ガスとする製造施設等、保安検査の対象外のものがある。
- 高圧ガス保安協会等の保安検査において、高圧ガス保安協会等は知事に保安検査の結果を報告しなければならない。また、高圧ガス保安協会等が知事に報告したとしても、第1種製造者は知事に届け出なければならない。
- 保安検査は製造施設の位置、構造、設備が技術上の基準に適合しているかどうかについて行う。製造方法ではない。

Step3 暗記

何度も読み返せ！

- □ [第1] 種製造者は、[特定] 施設について定期に、[都道府県知事] が行う [保安] 検査を受けなければならない。
- □ [高圧ガス保安協会] 又は [指定保安検査機関] が行う [保安] 検査を受け、都道府県知事に [届け出] た場合は、[都道府県知事] が行う [保安] 検査を受けなくてもよい。
- □ 保安検査は、特定施設が第8条第1号（製造施設の [位置]、[構造]、[設備]）の [技術] 上の [基準] に適合しているかどうかについて行う。
- □ [高圧ガス保安協会] 又は [指定保安検査機関] は、[保安] 検査を行ったときは、[遅滞] なく都道府県知事に [報告] しなければならない。
- □ [ヘリウム]、フルオロカーボン [21]、フルオロカーボン [114] を冷媒ガスとする製造施設と [認定] 指定設備の部分は、保安検査をする必要がない。
- □ 保安検査は [3] 年に1回受けなければならない。

重要度：🔥🔥🔥

No. 25 /31

定期自主検査

定期自主検査とは、第1種製造者と所定の第2種製造者が、製造施設について定期に保安のために行う自主検査をいう。定期自主検査の内容、周期、監督、記録などに関する事項について学習しよう。

Step1 図解 目に焼き付けろ！

保安検査と定期自主検査の主な比較

比較項目	保安検査	定期自主検査
検査対象者	●第1種製造者	●第1種製造者 ●認定設備を使用する第2種製造者 ●1日の冷凍能力が規定値以上の第2種製造者
検査内容	●製造施設の位置、構造、設備が技術上の基準に適合しているかどうか行う。	●同左
実施周期	●3年に1回	●1年に1回以上
認定指定設備の部分	●除外されている。検査を行う必要はない。	●規定されている。検査を行う必要がある。
知事への届出	●協会又は指定保安検査機関が行う保安検査を受けた場合、知事に届け出る必要がある。	●記録を保存する必要はあるが知事に届け出る必要はない。
選任した冷凍保安責任者の監督	●規定されていない。	●規定されており、監督が必要である。

保安検査は、知事、協会、検査機関により受ける検査。定期自主検査は、製造者が自主的に実施する検査だ！

Step2 解説 爆裂に読み込め！

定期自主検査

定期自主検査について高圧ガス保安法、冷凍保安規則に次のように規定されている。

> （定期自主検査）
> 法第三十五条の二　第一種製造者、第五十六条の七第二項の認定を受けた設備を使用する第二種製造者若しくは第二種製造者であつて一日に製造する高圧ガスの容積が経済産業省令で定めるガスの種類ごとに経済産業省令で定める量（第五条第二項第二号に規定する者にあつては、一日の冷凍能力が経済産業省令で定める値）以上である者又は特定高圧ガス消費者は、製造又は消費のための施設であつて経済産業省令で定めるものについて、経済産業省令で定めるところにより、定期に、保安のための自主検査を行い、その検査記録を作成し、これを保存しなければならない。

> （定期自主検査を行う製造施設等）
> 冷規第四十四条　法第三十五条の二の一日の冷凍能力が経済産業省令で定める値は、アンモニア又はフルオロカーボン（不活性のものを除く。）を冷媒ガスとするものにあつては、二十トンとする。
> 3　法第三十五条の二の規定により自主検査は、第一種製造者の製造施設にあつては法第八条第一号の経済産業省令で定める技術上の基準（耐圧試験に係るものを除く。）に適合しているか、又は第二種製造者の製造施設にあつては法第十二条第一項の経済産業省令で定める技術上の基準（耐圧試験に係るものを除く。）に適合しているかどうかについて、一年に一回以上行わなければならない。ただし、災害その他やむを得ない事由によりその回数で自主検査を行うことが困難であるときは、当該事由を勘案して経済産業大臣が定める期間に一回以上行わなければならない。
> 4　法第三十五条の二の規定により、第一種製造者（製造施設が第三十六条第二項各号に掲げるものである者及び第六十九条の規定に基づき経済産業大臣が冷凍保安責任者の選任を不要とした者を除く。）又は第二種製造者（製造施設が第三十六条第三項各号に掲げるものである者及び第六十九条の規定に基づき経済産業大臣が冷凍保安責任者の選任を不要とした者を除く。）は、同条の自主検査を行うときは、その選任した冷凍保安責任者に当該自主検査の実施について監督を行わせなければならない。
> 5　法第三十五条の二の規定により、第一種製造者及び第二種製造者は、検査記録に次の各号に掲げる事項を記載しなければならない。
> 一　検査をした製造施設
> 二　検査をした製造施設の設備ごとの検査方法及び結果
> 三　検査年月日
> 四　検査の実施について監督を行つた者の氏名

定期自主検査についてまとめると、次のとおりである。

①定期自主検査の対象者は次のとおりである。
- **第1**種製造者
- **認定**設備を使用する**第2**種製造者
- 1日の**冷凍能力**が規定値以上の**第2**種製造者

②製造施設の**位置**、**構造**、**設備**が技術上の基準に適合しているかどうか行う。
③**1**年に**1**回以上行う。
④**監督**を行った者の氏名等の**記録**を作成し、**保存**しなければならない。
⑤**耐圧**試験は除外されている。
⑥**選任**した冷凍**保安責任**者に監督させなければならない。

定期自主検査についてよく問われる事項は次のとおりだ。
- 定期自主検査は、記録の保存は必要だが、知事等への届出は不要だ。
- 認定設備の部分は、保安検査は不要だが定期自主検査は必要だ。
- 監督は選任された冷凍保安責任者である必要がある。選任されていない冷凍保安責任者の監督ではダメだ。
- 冷媒ガスが不活性ガスである製造施設でも、第1種製造者は定期自主検査が必要だ。

Step3 暗記 何度も読み返せ！

- □ 定期自主検査の対象者は次のとおりである。
  [第1] 種製造者
  [認定] 設備を使用する [第2] 種製造者
  1日の [冷凍能力] が規定値以上の [第2] 種製造者
- □ 定期自主検査は、製造施設の [位置]、[構造]、[設備] が技術上の基準に適合しているかどうか行う。
- □ 定期自主検査は [1] 年に1回以上行う。
- □ 定期自主検査は、[監督] を行った者の [氏名] 等の [記録] を作成し、[保存] しなければならない。
- □ 定期自主検査は、[耐圧] 試験は除外されている。
- □ 定期自主検査は、[選任] した [冷凍保安責任] 者に監督させなければならない。

重要度：🔥🔥🔥

No. 26 /31

危害予防規程と保安教育計画

危害予防規程とは、第1種製造者が高圧ガスによる危害を予防するために定める規程をいい、都道府県知事への届出が義務づけられている。保安教育計画とは、第1種製造者が従業者に実施する保安教育についての計画である。

Step1 図解 目に焼き付けろ！

危害予防規程と保安教育計画の主な比較

比較項目	危害予防規程	保安教育計画
対象者	●第1種製造者	●同左
知事への届出	●定めて届け出る必要がある。	●定めなければならないが、届け出る必要はない。
知事の変更命令	●必要と認めるときは変更を命ずることができる。	●同左
順守義務	●第1種製造者、従業者は、危害予防規程を守らなければならない。	●第1種製造者は、保安教育計画を忠実に実行しなければならない。
知事の命令、勧告	●危害予防規程を守るべきこと等を命じ、又は勧告することができる。	●保安教育計画を忠実に実行すべきこと等を勧告することができる。

危害予防規程は知事に届け出る必要があるが、保安教育計画は知事に届け出る必要はない。このことはよく問われるので覚えておこう！

Step2 解説 爆裂に読み込め！

危害予防規程

危害予防規程について高圧ガス保安法、冷凍保安規則に次のように規定されている。

（危害予防規程）
法第二十六条　第一種製造者は、経済産業省令で定める事項について記載した危害予防規程を定め、経済産業省令で定めるところにより、都道府県知事に届け出なければならない。これを変更したときも、同様とする。
2　都道府県知事は、公共の安全の維持又は災害の発生の防止のため必要があると認めるときは、危害予防規程の変更を命ずることができる。
3　第一種製造者及びその従業者は、危害予防規程を守らなければならない。
4　都道府県知事は、第一種製造者又はその従業者が危害予防規程を守つていない場合において、公共の安全の維持又は災害の発生の防止のため必要があると認めるときは、第一種製造者に対し、当該危害予防規程を守るべきこと又はその従業者に当該危害予防規程を守らせるため必要な措置をとるべきことを命じ、又は勧告することができる。

（危害予防規程の届出等）
冷規第三十五条　法第二十六条第一項の規定により届出をしようとする第一種製造者は、様式第二十の危害予防規程届書に危害予防規程（変更のときは、変更の明細を記載した書面）を添えて、事業所の所在地を管轄する都道府県知事に提出しなければならない。
2　法第二十六条第一項の経済産業省令で定める事項は、次の各号に掲げる事項の細目とする。
一　法第八条第一号の経済産業省令で定める技術上の基準及び同条第二号の経済産業省令で定める技術上の基準に関すること。
二　保安管理体制及び冷凍保安責任者の行うべき職務の範囲に関すること。
三　製造設備の安全な運転及び操作に関すること（第一号に掲げるものを除く。）。
四　製造施設の保安に係る巡視及び点検に関すること（第一号に掲げるものを除く。）。
五　製造施設の増設に係る工事及び修理作業の管理に関すること（第一号に掲げるものを除く。）。
六　製造施設が危険な状態となつたときの措置及びその訓練方法に関すること。
七　大規模な地震に係る防災及び減災対策に関すること。
八　協力会社の作業の管理に関すること。
九　従業者に対する当該危害予防規程の周知方法及び当該危害予防規程に違反した者に対する措置に関すること。
十　保安に係る記録に関すること。

十一　危害予防規程の作成及び変更の手続に関すること。
十二　前各号に掲げるもののほか災害の発生の防止のために必要な事項に関すること。

危害予防規程についてまとめると、次のとおりである。

①**第1**種製造者は、危害予防規程を定め、都道府県知事に**届け出**なければならない。
②危害予防規程を**変更**したときは、**変更**の**明細**を記載した書面を添えて、都道府県知事に**届け出**なければならない。
③都道府県知事は、必要があるときは危害予防規程の**変更**を命ずることができる。
④**第1**種製造者及び**従業**者は、危害予防規程を**守ら**なければならない。
⑤都道府県知事は、**必要**があるときは**第1**種製造者に対し、危害予防規程を守るべきこと等を**命じ**、**勧告**することができる。
⑥危害予防規程に記載すべき主な事項は次のとおりである。

- 保安管理**体制**、冷凍保安責任者の**職務**
- 製造設備の安全な**運転**、**操作**
- 製造施設の保安に係る**巡視**、**点検**
- 製造施設が**危険**になったときの**措置**、**訓練**方法
- **協力**会社の作業管理
- 従業者に対する危害予防規程の**周知**方法
- 危害予防規程に**違反**した者に対する措置
- 保安に係る**記録**
- 危害予防規程の作成、**変更**の手続

危害予防規程は、変更時にも届け出る必要があり、変更の手続きも定める必要がある。このことはよく問われるので覚えておこう！

保安教育計画

保安教育計画について、高圧ガス保安法に次のように規定されている。

（保安教育）
法第二十七条　第一種製造者は、その従業者に対する保安教育計画を定めなければならない。
2　都道府県知事は、公共の安全の維持又は災害の発生の防止上十分でないと認めるときは、前項の保安教育計画の変更を命ずることができる。
3　第一種製造者は、保安教育計画を忠実に実行しなければならない。
4　第二種製造者、第一種貯蔵所若しくは第二種貯蔵所の所有者若しくは占有者、販売業者又は特定高圧ガス消費者（次項において「第二種製造者等」という。）は、その従業者に保安教育を施さなければならない。
5　都道府県知事は、第一種製造者が保安教育計画を忠実に実行していない場合において公共の安全の維持若しくは災害の発生の防止のため必要があると認めるとき、又は第二種製造者等がその従業者に施す保安教育が公共の安全の維持若しくは災害の発生の防止上十分でないと認めるときは、第一種製造者又は第二種製造者等に対し、それぞれ、当該保安教育計画を忠実に実行し、又はその従業者に保安教育を施し、若しくはその内容若しくは方法を改善すべきことを勧告することができる。

保安教育計画についてまとめると、次のとおりである。

①第1種製造者は、従業者に対する保安教育計画を定めなければならない。
②都道府県知事は、保安教育計画の変更を命ずることができる。
③第1種製造者は、保安教育計画を忠実に実行しなければならない。
④都道府県知事は、必要があると認めるとき、第1種製造者に対し、保安教育計画を忠実に実行すべきこと等を勧告することができる。

なお、第2種製造者は、保安教育計画を定める必要はないが、従業者に保安教育を施さなければならない。このことも一応、覚えておこう。

Step3 暗記 何度も読み返せ！

● 危害予防規程に記載すべき事項

- □ 法第八条第一号の経済産業省令で定める［技術］上の［基準］及び同条第二号の経済産業省令で定める［技術］上の［基準］に関すること。
- □ 保安管理［体制］及び［冷凍保安責任］者の行うべき［職務］の範囲に関すること。
- □ 製造設備の安全な［運転］及び［操作］に関すること。
- □ 製造施設の保安に係る［巡視］及び［点検］に関すること。
- □ 製造施設の増設に係る［工事］及び［修理］作業の管理に関すること。
- □ 製造施設が［危険］な状態となったときの［措置］及びその［訓練］方法に関すること。
- □ 大規模な地震に係る［防災］及び［減災］対策に関すること。
- □ ［協力］会社の作業の管理に関すること。
- □ 従業者に対する当該危害予防規程の［周知］方法及び当該危害予防規程に［違反］した者に対する措置に関すること。
- □ 保安に係る［記録］に関すること。
- □ 危害予防規程の作成及び［変更］の手続に関すること。
- □ 前各号に掲げるもののほか災害の発生の防止のために［必要］な事項に関すること。
- □ ［第1］種製造者は、従業者に対する保安教育計画を［定め］なければならない。
- □ 都道府県知事は、保安教育計画の［変更］を命ずることができる。
- □ ［第1］種製造者は、保安教育計画を忠実に［実行］しなければならない。
- □ 都道府県知事は、［必要］があると認めるとき、［第1］種製造者に対し、［保安教育計画］を忠実に［実行］すべきこと等を［勧告］することができる。

重要度：🔥🔥

No.

27

/ 31

危険措置・火気制限・帳簿・事故届

危険時の措置・届出、火気等の制限、帳簿、事故届について学習しよう。危険時には、応急措置、作業中止、退避、届出などの措置が求められる。また容器をなくしたり、盗まれたりしたときにも届出が必要だ。

Step1 図解 目に焼き付けろ！

危険時の措置・届出

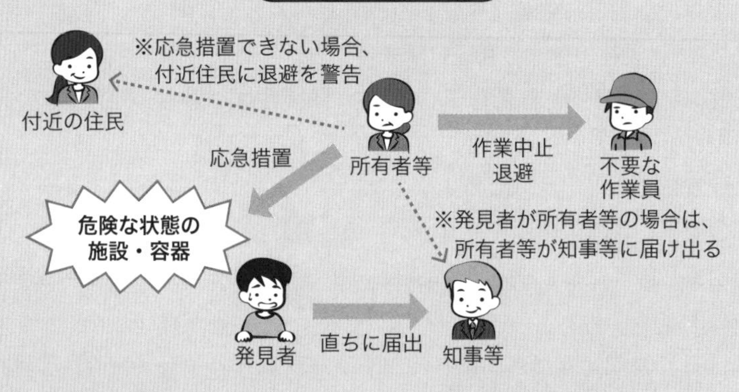

危険時の措置は直ちに届け出なければならない。災害時、容器喪失時の事故届は遅滞なく届け出なければならないと規定されている。

事故届

災害発生
容器の喪失・盗難

第１種製造者、第２種製造者等 → 遅滞なく届出 → 知事等

Step2 解説 爆裂に読み込め！

危険時の措置・届出

危険時の措置・届出について高圧ガス保安法、冷凍保安規則に次のように規定されている。

（危険時の措置及び届出）
法第三十六条　高圧ガスの製造のための施設、貯蔵所、販売のための施設、特定高圧ガスの消費のための施設又は高圧ガスを充てんした容器が危険な状態となつたときは、高圧ガスの製造のための施設、貯蔵所、販売のための施設、特定高圧ガスの消費のための施設又は高圧ガスを充てんした容器の所有者又は占有者は、直ちに、経済産業省令で定める災害の発生の防止のための応急の措置を講じなければならない。
2　前項の事態を発見した者は、直ちに、その旨を都道府県知事又は警察官、消防吏員若しくは消防団員若しくは海上保安官に届け出なければならない。

（危険時の措置）
冷規第四十五条　法第三十六条第一項の経済産業省令で定める災害の発生の防止のための応急の措置は、次の各号に掲げるものとする。
一　製造施設が危険な状態になつたときは、直ちに、応急の措置を行うとともに製造の作業を中止し、冷媒設備内のガスを安全な場所に移し、又は大気中に安全に放出し、この作業に特に必要な作業員のほかは退避させること。
二　前号に掲げる措置を講ずることができないときは、従業者又は必要に応じ付近の住民に退避するよう警告すること。

危険時の措置・届出についてまとめると、次のとおりである。

①高圧ガスの製造**施設**、**容器**が**危険**な状態となったときは、**所有者**又は**占有者**は、**直ちに**、災害防止の**応急措置**を講じなければならない。
②高圧ガスの製造**施設**、**容器**が**危険**な状態となったことを**発見**した者は、**直ち**に、都道府県知事又は**警察**官、消防吏員若しくは**消防**団員若しくは**海上保安**官に**届け出**なければならない。
③製造施設が危険な状態になったときは、**直ち**に、応急措置を行うとともに作業を**中止**し、必要な作業員のほかは**退避**させること。
④応急措置を講ずることができないときは、従業者又は必要に応じ付近の**住民**

に退避するよう警告すること。

危険時には、応急措置をするとともに届け出なければならない。
危険時には、応急措置をするとともに作業中止し、退避させなければならない。

なお、消防吏員とは、消防職員のうち消火活動などの業務を行う者をいう。

火気等の制限

火気等の制限については、高圧ガス保安法に次のように規定されている。

(火気等の制限)
法第三十七条　何人も、第五条第一項若しくは第二項の事業所、第一種貯蔵所若しくは第二種貯蔵所、第二十条の四の販売所（同条第二号の販売所を除く。）若しくは第二十四条の二第一項の事業所又は液化石油ガス法第三条第二項第二号の販売所においては、第一種製造者、第二種製造者、第一種貯蔵所若しくは第二種貯蔵所の所有者若しくは占有者、販売業者若しくは特定高圧ガス消費者又は液化石油ガス法第六条の液化石油ガス販売事業者が指定する場所で火気を取り扱つてはならない。
2　何人も、第一種製造者、第二種製造者、第一種貯蔵所若しくは第二種貯蔵所の所有者若しくは占有者、販売業者若しくは特定高圧ガス消費者又は液化石油ガス法第六条の液化石油ガス販売事業者の承諾を得ないで、発火しやすい物を携帯して、前項に規定する場所に立ち入つてはならない。

冷凍保安責任者だろうが、従業員だろうが、何人（なんぴと）（いかなる人）も指定する場所で火気を取り扱ってはならない。
冷凍保安責任者だろうが、従業員だろうが、何人（なんぴと）（いかなる人）も承諾を得ないで発火物を携帯して指定する場所に立ち入ってはならない。

➔ 帳簿

帳簿については、高圧ガス保安法、冷凍保安規則に次のように規定されている。

（帳簿）
法第六十条　第一種製造者、第一種貯蔵所又は第二種貯蔵所の所有者又は占有者、販売業者、容器製造業者及び容器検査所の登録を受けた者は、経済産業省令で定めるところにより、帳簿を備え、高圧ガス若しくは容器の製造、販売若しくは出納又は容器再検査若しくは附属品再検査について、経済産業省令で定める事項を記載し、これを保存しなければならない。

（帳簿）
冷規第六十五条　法第六十条第一項の規定により、第一種製造者は、事業所ごとに、製造施設に異常があつた年月日及びそれに対してとつた措置を記載した帳簿を備え、記載の日から十年間保存しなければならない。

帳簿についてまとめると、次のとおりである。

①第1種製造者等は、帳簿を備え、容器再検査若しくは附属品再検査等について記載し、保存しなければならない。
②第1種製造者は、製造施設に異常があった年月日及びそれに対してとった措置を記載した帳簿を備え、記載の日から10年間保存しなければならない。

帳簿の保存期限は、「製造開始の日」からではなく、「記載の日」から10年よ！

➔ 事故届

事故届について、高圧ガス保安法に次のように規定されている。

> （事故届）
> 法第六十三条　第一種製造者、第二種製造者、販売業者、液化石油ガス法第六条の液化石油ガス販売事業者、高圧ガスを貯蔵し、又は消費する者、容器製造業者、容器の輸入をした者その他高圧ガス又は容器を取り扱う者は、次に掲げる場合は、遅滞なく、その旨を都道府県知事又は警察官に届け出なければならない。
> 一　その所有し、又は占有する高圧ガスについて災害が発生したとき。
> 二　その所有し、又は占有する高圧ガス又は容器を喪失し、又は盗まれたとき。

事故届についてまとめると、次のとおりである。

- 第1種製造者、第2種製造者等は、高圧ガスについて災害が発生したとき、容器を**喪失**、**盗まれ**たときは、**遅滞**なく、都道府県知事等に**届け出**なければならない。

容器には残ガス容器も含まれるので、残ガス容器が喪失、盗まれたときも届け出なければならないんだ。

表27-1：製造者の種別と法の適用

項目	第1種製造者	第2種製造
危険時の措置及び届出（法第36条）	○	○
火気等の制限（法第37条）	○	○
帳簿（法第60条）	○	－
事故届（法第63条）	○	○

○：適用される　－：適用されない

Step3 暗記 何度も読み返せ！

● 危険時の措置・届出

☐ 高圧ガスの製造［施設］、［容器］が［危険］な状態となったときは、［所有］者又は［占有］者は、［直ち］に、災害防止の［応急措置］を講じなければならない。

☐ 高圧ガスの製造［施設］、［容器］が［危険］な状態となったことを［発見］した者は、［直ち］に、都道府県知事又は［警察］官、［消防］吏員若しくは［消防］団員若しくは［海上保安］官に［届け出］なければならない。

☐ 製造施設が危険な状態になったときは、［直ち］に、応急措置を行うとともに作業を［中止］し、必要な作業員のほかは［退避］させること。

☐ 応急措置を講ずることができないときは、従業者又は必要に応じ付近の［住民］に［退避］するよう［警告］すること。

● 帳簿

☐ ［第1］種製造者等は、［帳簿］を備え、容器［再検査］若しくは附属品［再検査］等について記載し、保存しなければならない。

☐ ［第1］種製造者は、製造施設に［異常］があった年月日及びそれに対してとった措置を記載した帳簿を備え［記載］の日から［10］年間保存しなければならない。

● 事故届

☐ 第1種製造者、第2種製造者等は、高圧ガスについて［災害］が発生したとき、容器を［喪失］、［盗まれ］たときは、［遅滞］なく、都道府県知事等に［届け出］なければならない。

重要度：🔥🔥

No. 28 /31 完成検査

完成検査とは、許可を受けた第1種製造者の製造施設の設置工事または変更工事が完成したときに実施する検査だ。完成検査については、知事と協会等の検査の違いや、検査を要しない変更の工事の範囲などについて学習しよう。

Step1 図解 目に焼き付けろ！

完成検査のフロー

知事の完成検査を受ける場合

第１種製造者の製造施設
設置・変更工事の完成

協会または指定検査機関の完成検査を受ける場合

第１種製造者の製造施設
設置・変更工事の完成

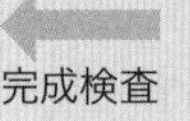

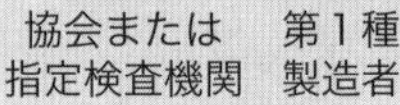

知事の検査を受けるか、協会または検査機関の検査を受け知事に届け出る必要があるのは、前述した保安検査と同じだ！

Step2 解説 爆裂に読み込め！

完成検査

完成検査について、高圧ガス保安法と冷凍保安規則に次のように規定されている。

（完成検査）
法第二十条　第五条第一項又は第十六条第一項の許可を受けた者は、高圧ガスの製造のための施設又は第一種貯蔵所の設置の工事を完成したときは、製造のための施設又は第一種貯蔵所につき、都道府県知事が行う完成検査を受け、これらが第八条第一号又は第十六条第二項の技術上の基準に適合していると認められた後でなければ、これを使用してはならない。ただし、高圧ガスの製造のための施設又は第一種貯蔵所につき、経済産業省令で定めるところにより高圧ガス保安協会（以下「協会」という。）又は経済産業大臣が指定する者（以下「指定完成検査機関」という。）が行う完成検査を受け、これらが第八条第一号又は第十六条第二項の技術上の基準に適合していると認められ、その旨を都道府県知事に届け出た場合は、この限りでない。
3　第十四条第一項又は前条第一項の許可を受けた者は、高圧ガスの製造のための施設又は第一種貯蔵所の位置、構造若しくは設備の変更の工事（経済産業省令で定めるものを除く。以下「特定変更工事」という。）を完成したときは、製造のための施設又は第一種貯蔵所につき、都道府県知事が行う完成検査を受け、これらが第八条第一号又は第十六条第二項の技術上の基準に適合していると認められた後でなければ、これを使用してはならない。ただし、次に掲げる場合は、この限りでない。
一　高圧ガスの製造のための施設又は第一種貯蔵所につき、経済産業省令で定めるところにより協会又は指定完成検査機関が行う完成検査を受け、これらが第八条第一号又は第十六条第二項の技術上の基準に適合していると認められ、その旨を都道府県知事に届け出た場合

（完成検査を要しない変更の工事の範囲）
冷規第二十三条　法第二十条第三項の経済産業省令で定めるものは、製造設備（第七条第一項第五号に規定する耐震設計構造物として適用を受ける製造設備を除く。）の取替え（可燃性ガス及び毒性ガスを冷媒とする冷媒設備を除く。）の工事（冷媒設備に係る切断、溶接を伴う工事を除く。）であつて、当該設備の冷凍能力の変更が告示で定める範囲であるものとする。

完成検査についてまとめると、次のとおりである。

①許可を受けた第1種製造者は、製造施設の設置工事または特定変更工事を完成したときには、次のいずれかが必要である。

- 都道府県知事の完成検査を受ける。
- 高圧ガス保安協会または指定完成検査機関の完成検査を受け、都道府県知事に届け出る。

②許可を受けた第1種製造者は、完成検査を受け、高圧ガス製造の許可の技術上の基準に適合していると認められた後でなければ、製造施設を使用してはならない。

③製造設備（耐震設計構造物を除く）の取替え（可燃性ガス及び毒性ガスを除く）の工事（切断、溶接を伴う工事を除く）で、冷凍能力の変更が定める範囲であるものは、完成検査は不要である。

完成検査ついてよく問われる事項は次のとおりだ!!

- 完成検査は、知事、協会、指定完成検査機関のいずれかの検査を受ける必要がある。
- 協会または指定完成検査機関の検査を受けた場合は、検査結果が基準に適合していても、知事へ届け出る必要がある。
- 第1種製造者が冷凍能力を変更する場合には、冷凍能力の変更の範囲に関わらず許可が必要であるが、完成検査については検査を要しない冷凍能力の変更の範囲が規定されている。したがって「製造施設の変更の工事の許可を受けた場合であっても、完成検査を受けることなく施設を使用できる変更の工事がある。」という、わかりにくい正しい選択肢の問題が出題されているので気をつけよう。

Step3 暗記 何度も読み返せ！

- □ [許可] を受けた [第1] 種製造者は、製造施設の [設置] 工事または [特定変更] 工事を完成したときには、次のいずれかが必要である。
  - ▶都道府県知事の [完成] 検査を受ける。
  - ▶ [高圧ガス保安協会] または [指定完成検査機関] の [完成] 検査を受け、都道府県知事に [届け出] る。
- □ [許可] を受けた [第1] 種製造者は、[完成] 検査を受け、高圧ガス [製造] の [許可] の技術上の基準に [適合] していると認められた後でなければ、製造施設を [使用] してはならない。
- □ 製造設備（[耐震] 設計構造物を除く）の取替え（[可燃性] ガス及び [毒性] ガスを除く）の工事（[切断]、[溶接] を伴う工事を除く）で、[冷凍能力] の変更が定める [範囲] であるものは、[完成] 検査は不要である。
- □ 製造施設の変更の工事の [許可] を受けた場合であっても、完成検査を受けることなく施設を [使用] できる変更の工事がある。

燃えろ! 演習問題

問題

次の文章の正誤を答えよ。

01 第1種製造者は、省令に定めるところにより、冷凍保安責任者を選任しなければならないが、第2種製造者は選任しなくてもよい。

02 冷凍保安責任者は、所定の免状があれば経験を有していない者を選任することができる。

03 冷凍保安責任者を選任したときには、遅滞なく都道府県知事に届け出なければならないが、解任したときは届け出なくてもよい。

04 高圧ガスの種類に関係なく、第3種冷凍機械責任者の免状と所定の経験を有している者を選任できる製造施設は、1日の冷凍能力が100トン以下のものである。

05 第1種、第2種製造者は、冷凍保安責任者の代理者を選任し、冷凍保安責任者が職務をできない場合に代行させなければならない。

06 冷凍保安責任者の代理者は、所定の冷凍保安責任者免状の交付を受け、所定の高圧ガスの製造に関する経験を有する者を選任しなければならない。

07 冷凍保安責任者の代理者の選任も解任も知事への届出は不要である。

08 従事者は、冷凍保安責任者が危害予防規程の実施を確保するためにする指示に従わなければならない。

09 第1種製造者は、特定施設について定期に、冷凍保安責任者が行う保安検査を受けなければならない。

10 高圧ガス保安協会又は指定保安検査機関が行う保安検査を受け、都道府県知事に届け出た場合は、都道府県知事が行う保安検査を受けなくてもよい。

11 保安検査は、特定施設が第8条第1号（製造施設の位置、構造、設備）の技術上の基準に適合しているかどうかについて行う。

12 高圧ガス保安協会又は指定保安検査機関が保安検査を行えば、都道府県知事への報告は不要である。

13 保安検査は5年に1回受けなければならない。

14 第1種製造者、認定設備を使用する第2種製造者及び1日の冷凍能力が規定値以上の第2種製造者は、定期自主検査を実施しなければならない。

15 定期自主検査は、製造施設の位置、構造、設備が技術上の基準に適合しているかどうか行う。

16　定期自主検査は半年に1回以上行う。

17　定期自主検査は、選任した冷凍保安責任者に監督させ、監督を行った者の氏名等の記録を作成し、保存しなければならない。

18　定期自主検査では、耐圧試験を実施しなければならない。

19　危害予防規程には、製造施設が危険な状態となったときの措置及びその訓練方法に関することは定める必要はあるが、協力会社の作業の管理に関することは定めなくてもよい。

20　危害予防規程には、従業者に対する危害予防規程の周知方法は定めなくてもよいが、危害予防規程に違反した者に対する措置に関することは定めなければならない。

21　保安に係る記録に関すること及び危害予防規程の作成及び変更の手続に関することは、危害予防規程に定める必要のある事項である。

22　第1種製造者は、その従業者に対する保安教育計画を定め、都道府県知事に届け出なければならない。

23　都道府県知事は、公共の安全の維持又は災害の発生の防止上十分でないと認めるときは、保安教育計画の変更を命ずることができる。

24　第1種製造者は、保安教育計画を忠実に実行しなければならない。第2種製造者等は、その従業者に保安教育を施さなければならない。

25　都道府県知事は、第1種製造者又は第2種製造者等に対し、保安教育計画を忠実に実行し、又は従業者に保安教育を施し、若しくはその内容若しくは方法を改善すべきことを勧告することができる。

26　製造施設が危険な状態になったときは、直ちに、応急措置を行うとともに作業を中止し、必要な作業員のほかは退避させること。応急措置を講ずることができないときは、従業者又は必要に応じ付近の住民に退避するよう警告すること。

27　第1種製造者等は、帳簿を備え、容器再検査若しくは附属品再検査等について記載し、保存しなければならない。

28　第1種製造者は、製造施設に異常があった年月日及びそれに対してとった措置を記載した帳簿を備え、記載の日から5年間保存しなければならない。

29　許可を受けた第1種製造者は、製造施設の設置工事または特定変更工事を完成したときには、都道府県知事の完成検査を受けるか、高圧ガス保安協会または指定完成検査機関の完成検査を受け、都道府県知事に届け出る必要がある。

■製造設備（①　　　を除く）の取替え（②　　　を除く）の工事（③　　　を伴う工事を除く）で、冷凍能力の変更が定める範囲であるものは、完成検査は不要である。

30 ①　　　に入る語は耐震設計構造物である。

31 ②　　　に入る語は毒性ガスである。

32 ③　　　に入る語は切断、加工である。

33 製造施設の変更の工事の許可を受けた場合であっても、完成検査を受けることなく施設を使用できる変更の工事がある。

解答・解説

01 ×：第２種製造者であっても冷凍保安責任者を選任すべき場合がある。

02 ×：冷凍保安責任者は、**所定の免状と経験を有する者を選任する**必要がある。

03 ×：冷凍保安責任者を**選任したときも、解任したときも**遅滞なく都道府県知事に**届け出なければならない**。

04 ×：1日の冷凍能力は「100トン以下」ではなく「**100トン未満**」のものである。

05 ○

06 ○

07 ×：冷凍保安責任者の代理者の選任も解任も知事への届出が「**必要**」である。

08 ○

09 ×：「冷凍保安責任者」ではなく、「**都道府県知事等**」が行う保安検査を受けなければならない。

10 ○

11 ○

12 ×：高圧ガス保安協会又は指定保安検査機関による保安検査を行ったときは、遅滞なく都道府県知事に**報告しなければならない**。

13 ×：保安検査は、「5年に1回」ではなく、「**3年に1回**」受けなければならない。

14 〇

15 〇

16 ×：定期自主検査は、「半年に1回以上」ではなく「1年に1回以上」行う。

17 〇

18 ×：定期自主検査において、耐圧試験は除外されている。

19 ×：製造施設が危険な状態となったときの措置及びその訓練方法に関すること、協力会社の作業の管理に関することは、危害予防規程に定める必要がある事項である。

20 ×：従業者に対する危害予防規程の周知方法及び危害予防規程に違反した者に対する措置に関することは、危害予防規程に定める必要がある事項である。

21 〇

22 ×：第1種製造者は、その従業者に対する保安教育計画を定めなければならないが、都道府県知事に届け出る必要はない。

23 〇

24 〇

25 〇

26 〇

27 〇

28 ×：保存しなくてはならない期間は、記載の日から「5年間」ではなく「10年間」である。

29 〇

30 〇

31 ×：可燃性ガス及び毒性ガスである。

32 ×：切断、溶接である。

33 〇

第6章

製造施設の技術基準

ここでは、製造施設と製造方法の技術上の基準、そして指定設備の認定について学習するぞ。特に製造施設の技術上の基準は、毎年4問程度が出題されている。しっかり学習して得点しよう。

アクセスキー　S
(小文字のエス)

重要度：🔥🔥🔥

No. 29 /31

製造施設の技術上の基準

製造施設の技術上の基準については、火気、警戒標、冷媒ガスの漏えい・滞留・流出防止、耐震、気密・耐圧試験、圧力計、安全装置、放出管、液面計、消火設備、警報設備、バルブ操作などについて学習しよう。

Step1 図解 目に焼き付けろ！

製造施設の技術上の基準の適用範囲

	基準項目	不活性ガスの製造施設	可燃性ガスの製造施設	毒性ガスの製造施設
1	火気	○	○	○
2	警戒標	○	○	○
3	冷媒ガス漏えい時の滞留防止	−	○	○
4	冷媒ガスの漏えい防止	○	○	○
5	耐震性能	○	○	○
6	気密試験・耐圧試験	○	○	○
7	圧力計	○	○	○
8	安全装置	○	○	○
9	安全弁・破裂板の放出管	−	○	○
10	丸形ガラス管液面計の使用禁止	−	○	○
11	ガラス管液面計の破損防止措置	○	○	○
11	ガラス管液面計の破損時の配管からの漏えい防止措置	−	○	○
12	消火設備	−	○	−
13	冷媒の漏えい時の流出防止措置	−	−	○
14	電気設備の防爆性能	−	○	−
15	警報設備	−	○	○
16	冷媒漏えい時の除害措置	−	−	○
17	バルブ等を適切に操作できる措置	○	○	○

凡例　○：適用される　−：適用されない

Step2 解説 爆裂に読み込め！

定置(ていち)式製造施設の技術上の基準

高圧ガスの定置式製造施設の技術上の基準は、冷凍保安規則第7条に次のように規定されている。

（定置式製造設備に係る技術上の基準）
冷規第七条　製造のための施設（以下「製造施設」という。）であつて、その製造設備が定置式製造設備（認定指定設備を除く。）であるものにおける法第八条第一号の経済産業省令で定める技術上の基準は、次の各号に掲げるものとする。

定置式というのは、一定の場所に置く方式という意味だ。認定指定設備を除く定置式製造設備の技術上の基準が規定されている。なお、認定指定設備については後段で学習する。

(1) 火気

火気に関する技術上の基準は、次のように規定されている。

一　圧縮機、油分離器、凝縮器及び受液器並びにこれらの間の配管は、引火性又は発火性の物（作業に必要なものを除く。）をたい積した場所及び火気（当該製造設備内のものを除く。）の付近にないこと。ただし、当該火気に対して安全な措置を講じた場合は、この限りでない。

火気のポイントは下記のとおりだ！（一応、ダジャレだ！）
①不活性ガスの製造施設にも適用される。
②圧縮機、油分離器、凝縮器、受液器、配管に適用される。
③安全な措置を講じた場合には適用されない。

(2) 警戒標(けいかいひょう)

警戒標に関する技術上の基準は、次のように規定されている。

二　製造施設には、当該施設の外部から見やすいように警戒標を掲げること。

警戒標のポイントは次のとおりだ！
①不活性ガスの製造施設にも適用される。
②立入禁止措置をしても警戒標が必要である。

高圧ガス製造事業所	
（　　冷凍設備）	
許可年月日	20xx年x月x日
許 可 番 号	xxxxxxxx
火気厳禁	
関係者以外立入禁止	
冷凍保安責任者	○○○○
代 理 者 名	○○○○
取扱責任者名	○○○○

図29-1：警戒標の例

(3) 冷媒ガス漏えい時の滞留防止

冷媒ガス漏えい時の滞留防止に関する技術上の基準は、次のように規定されている。

三　圧縮機、油分離器、凝縮器若しくは受液器又はこれらの間の配管（可燃性ガス、毒性ガス又は特定不活性ガスの製造設備のものに限る。）を設置する室は、冷媒ガスが漏えいしたとき滞留しないような構造とすること。

冷媒ガス漏えい時の滞留防止のポイントは次のとおりだ！
①可燃性ガス、毒性ガス等の製造施設のみに適用され、不活性ガスの製造施設には適用されない。
②圧縮機、油分離器、凝縮器、受液器、配管に適用される。

(4) 冷媒ガスの漏えい防止

冷媒ガスの漏えい防止に関する技術上の基準は、次のように規定されている。

四　製造設備は、振動、衝撃、腐食等により冷媒ガスが漏れないものであること。

冷媒ガスの漏えい防止のポイントは次のとおりだ！
・不活性ガスの製造施設にも適用される。
不活性ガスの製造施設は、前項（3）冷媒漏えい時の滞留防止は適用されないが、（4）冷媒ガスの漏えい防止は適用される。覚えておこう。

（5）耐震性能

耐震性能に関する技術上の基準については、次のように規定されている。

> 五　凝縮器（縦置円筒形で胴部の長さが五メートル以上のものに限る。以下この号において同じ。）、受液器（内容積が五千リットル以上のものに限る。以下この号において同じ。）及び配管（冷媒設備に係る地盤面上の配管（外径四十五ミリメートル以上のものに限る。）であつて、内容積が三立方メートル以上のもの又は凝縮器及び受液器に接続されているもの）並びにこれらの支持構造物及び基礎（以下「耐震設計構造物」という。）は、経済産業大臣が定める耐震に関する性能を有すること。

耐震性能のポイントは次のとおりだ！
①不活性ガスの製造施設にも適用される。
②凝縮器は、縦置きの胴の長さ5m以上が適用される。横置きは胴の長さに関係なく適用されない。
③受液器は内容積5000L以上が適用される。

（6）気密試験・耐圧試験

気密試験、耐圧試験に関する技術上の基準については、次のように規定されている。

> 六　冷媒設備は、許容圧力以上の圧力で行う気密試験及び配管以外の部分について許容圧力の一・五倍以上の圧力で水その他の安全な液体を使用して行う耐圧試験（液体を使用することが困難であると認められるときは、許容圧力の一・二五倍以上の圧力で空気、窒素等の気体を使用して行う耐圧試験）又は経済産業大臣がこれらと同等以上のものと認めた高圧ガス保安協会（以下「協会」という。）が行う試験に合格するものであること。

気密試験、耐圧試験のポイントは次のとおりだ！
①不活性ガスの製造施設にも適用される。
②配管以外は気密試験と耐圧試験を行う。
③配管は気密試験のみ行う。
④耐圧試験は原則、危険性の低い液体で行う。液体での実施が困難な場合は気体で行う。
⑤試験圧力
▶気密試験：許容圧力以上
▶耐圧試験（液体）：許容圧力の1.5倍以上
▶耐圧試験（気体）：許容圧力の1.25倍以上
⑥配管自体が強度を有していても、継ぎ手部分から冷媒が漏えいする可能性があるので、気密試験は省略できない。

(7) 圧力計

圧力計に関する技術上の基準は、次のように規定されている。

七　冷媒設備（圧縮機（当該圧縮機が強制潤滑方式であつて、潤滑油圧力に対する保護装置を有するものは除く。）の油圧系統を含む。）には、圧力計を設けること。

圧力計のポイントは次のとおりだ！
①不活性ガスの製造施設にも適用される。
②本試験での正しい選択肢は次のとおりである。よく出題されているので、よく理解しておこう。

○　冷媒設備の圧縮機が強制潤滑方式であり、かつ、潤滑油圧力に対する保護装置を有している場合であっても、その圧縮機の油圧系統を除く冷媒設備には圧力計を設けなければならない。

(8) 安全装置

安全装置に関する技術上の基準は、次のように規定されている。

八　冷媒設備には、当該設備内の冷媒ガスの圧力が許容圧力を超えた場合に直ちに許容圧力以下に戻すことができる安全装置を設けること。

安全装置のポイントは次のとおりだ！
①不活性ガスの製造施設にも適用される。
②耐圧試験圧力ではなく、許容圧力を超えた場合に直ちに許容圧力以下に戻すことができる安全装置が必要だ。
③自動制御装置を設けても、圧力を常時監視していても、安全装置は必要である。

(9) 安全弁・破裂板の放出管

安全弁・破裂板の放出管に関する技術上の基準は、次のように規定されている。

九　前号の規定により設けた安全装置（当該冷媒設備から大気に冷媒ガスを放出することのないもの及び不活性ガスを冷媒ガスとする冷媒設備に設けたもの並びに吸収式アンモニア冷凍機（次号に定める基準に適合するものに限る。以下この条において同じ。）に設けたものを除く。）のうち安全弁又は破裂板には、放出管を設けること。この場合において、放出管の開口部の位置は、放出する冷媒ガスの性質に応じた適切な位置であること。

安全弁・破裂板の放出管のポイントは次のとおりだ！
①不活性ガスの製造施設には適用されない。
②開口部の位置についても適切な位置である旨、規定されている。
③専用室に設置する製造施設であっても、専用室に換気装置を設けたとしても、放出管を設ける必要がある。

(10) 丸形ガラス管液面計の使用禁止

丸形ガラス管液面計の使用禁止に関する技術上の基準は、次のように規定されている。

十　可燃性ガス又は毒性ガスを冷媒ガスとする冷媒設備に係る受液器に設ける液面計には、丸形ガラス管液面計以外のものを使用すること。

丸形ガラス管液面計の使用禁止のポイントは次のとおりだ！ なお、丸形ガラス管液面計とは、ガラスでできた透明の円管状の受液器の液面を計測する計器をいう。

①可燃性ガスまたは毒性ガス製造施設の受液器に適用される。不活性ガス製造施設の受液器には適用されない。

②破損防止措置をしたとしても、可燃性ガスまたは毒性ガス製造施設の受液器には、冷媒が漏えいする危険の大きい丸形ガラス管液面計を使用してはならない。

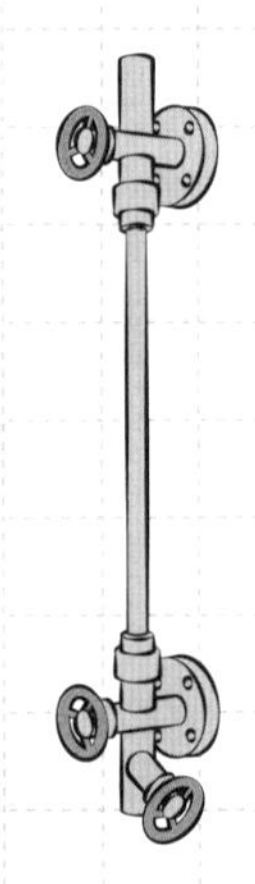

図29-2：丸形ガラス管液面計

(11) ガラス管液面計の破損防止措置

ガラス管液面計の破損防止措置に関する技術上の基準は、次のように規定されている。

十一　受液器にガラス管液面計を設ける場合には、当該ガラス管液面計にはその破損を防止するための措置を講じ、当該受液器（可燃性ガス又は毒性ガスを冷媒ガスとする冷媒設備に係るものに限る。）と当該ガラス管液面計とを接続する配管には、当該ガラス管液面計の破損による漏えいを防止するための措置を講ずること。

ガラス管液面計の破損防止措置のポイントは次のとおりだ！
①受液器にガラス管液面計を設ける場合、破損防止措置を講じる必要がある。この規定は不活性ガス製造施設の受液器にも適用される。
②受液器とガラス管を接続する配管には、ガラス液面計破損時の漏えい防止措置を講じる必要がある。この規定は可燃性ガスまたは毒性ガスの製造施設の受液器に規定される。不活性ガス製造施設の受液器には適用されない。
③不活性ガス製造施設の受液器には、ガラス管の破損防止措置は必要だが、配管の漏えい防止は不要である。
④可燃性ガスまたは毒性ガスの製造施設の受液器には、ガラス管の破損防止措置とともに、配管の漏えい防止も必要である。

可燃性ガスまたは毒性ガスの製造施設の受液器には、前項（10）のとおり、丸形ガラス管液面計は使用してはならない。可燃性ガスまたは毒性ガスの製造施設の受液器に使用できるガラス管液面計は、丸形ガラス管以外のガラス管の液面計だ。紛らわしいので間違えないようにしよう。

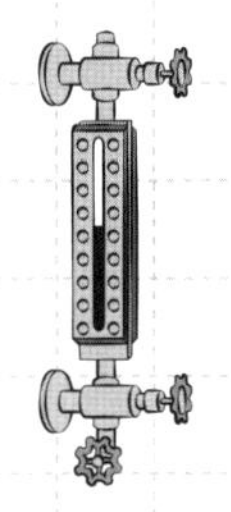

図29-3：ガラス管液面計

（12）消火設備

消火設備に関する技術上の基準は、次のように規定されている。

> 十二　可燃性ガスの製造施設には、その規模に応じて、適切な消火設備を適切な箇所に設けること。

消火設備のポイントは次のとおりだ！
①可燃性ガスの製造施設に適用される。不活性ガス、毒性ガスの製造施設には適用されない。
②警報設備があっても、消火設備は設けなければならない。

(13) 冷媒の漏えい時の流出防止措置

冷媒の漏えい時の流出防止措置に関する技術上の基準は、次のように規定されている。なお、流出防止措置とは防液堤を設ける等の措置をいう。

> 十三　毒性ガスを冷媒ガスとする冷媒設備に係る受液器であつて、その内容積が一万リットル以上のものの周囲には、液状の当該ガスが漏えいした場合にその流出を防止するための措置を講ずること。

冷媒の漏えい時の流出防止措置のポイントは次のとおりだ！
①毒性ガス製造施設の受液器に適用される。不活性ガス、可燃性ガス製造施設の受液器には適用されない。
②内容積10,000L以上のものに適用される。

(14) 電気設備の防爆性能

電気設備の防爆性能に関する技術上の基準は、次のように規定されている。なお、防爆性能とは爆発物の着火源にならずに爆発を防止する性能をいう。

> 十四　可燃性ガス（アンモニアを除く。）を冷媒ガスとする冷媒設備に係る電気設備は、その設置場所及び当該ガスの種類に応じた防爆性能を有する構造のものであること。

電気設備の防爆構造のポイントは次のとおりだ！
①可燃性ガス製造施設に適用される。不活性ガス、毒性ガス製造施設には適用されない。
②アンモニア製造施設には適用されない。

(15) 警報設備

警報設備に関する技術上の基準は次のように規定されている。

十五　可燃性ガス、毒性ガス又は特定不活性ガスの製造施設には、当該施設から漏えいするガスが滞留するおそれのある場所に、当該ガスの漏えいを検知し、かつ、警報するための設備を設けること。ただし、吸収式アンモニア冷凍機に係る施設については、この限りでない。

警報設備のポイントは次のとおりだ！
①可燃性ガス、毒性ガス等の製造施設に適用される。不活性ガス製造施設には適用されない。
②製造施設が専用室に設置されていても、警報設備は必要である。

（16）冷媒漏えい時の除害措置

冷媒漏えい時の除害措置に関する技術上の基準は、次のように規定されている。

十六　毒性ガスの製造設備には、当該ガスが漏えいしたときに安全に、かつ、速やかに除害するための措置を講ずること。ただし、吸収式アンモニア冷凍機については、この限りでない。

冷媒漏えい時の除害措置のポイントは次のとおりだ！
①毒性ガスの製造施設に適用される。不活性ガス、可燃性ガスの製造施設には適用されない。
②製造施設が専用室に設置されていても、冷媒漏えい時の除害措置は必要である。

なお、除害措置に使用される除害設備については、冷凍保安規則関係例示基準に次のように規定されている。ちなみにここまでは出題されない。

- 除害設備は、製造設備等の状況及びガスの種類に応じ、次のいずれかの設備を設けること。
  ①加圧式、動力式等によって作動する散布式又は散水式の除害設備
  ②ガスを吸引し、これを除害剤と接触させるスクラバー式の除害設備

(17) バルブ等を適切に操作できる措置

バルブ等の操作に関する技術上の基準は、次のように規定されている

> 十七　製造設備に設けたバルブ又はコック（操作ボタン等により当該バルブ又はコックを開閉する場合にあつては、当該操作ボタン等とし、操作ボタン等を使用することなく自動制御で開閉されるバルブ又はコックを除く。以下同じ。）には、作業員が当該バルブ又はコックを適切に操作することができるような措置を講ずること。

バルブ等を適切に操作できる措置のポイントは次のとおりだ！
①不活性ガスの製造施設にも適用される。
②バルブまたはコックだけでなく、操作ボタンにも適用される。
③自動制御で開閉されるバルブまたはコックには適用されない。
④凝縮器に限定されない。凝縮器以外のバルブまたはコックにも適用される。

なお、バルブ等を適切に操作できる措置については、冷凍保安規則関係例示基準に次のように規定されている。ちなみにここまでは出題されない。ただし、実務においては必要な知識である。覚えておいて損はないぞ！

①開閉方向と開閉状態の明示
②冷媒ガスの種類と流れの方向の表示
③誤操作防止の施錠、封印、禁札
④操作空間及び照度の確保

Step3 暗記 何度も読み返せ！

- □ 凝縮器（[縦] 置円筒形で胴部の長さが [5] メートル以上のものに限る。以下この号において同じ。）、受液器（内容積が [5000] リットル以上のものに限る。）及び配管（冷媒設備に係る地盤面上の配管（外径45ミリメートル以上のものに限る。）であって、内容積が3立方メートル以上のもの又は凝縮器及び受液器に接続されているもの）並びにこれらの支持構造物及び基礎（以下「[耐震] 設計構造物」という。）は、経済産業大臣が定める [耐震] に関する性能を有すること。
- □ 冷媒設備は、[許容] 圧力以上の圧力で行う [気密] 試験及び [配管] 以外の部分について [許容] 圧力の [1.5] 倍以上の圧力で [水] その他の安全な [液体] を使用して行う [耐圧] 試験（液体を使用することが困難であると認められるときは、[許容] 圧力の [1.25] 倍以上の圧力で [空気]、[窒素] 等の [気体] を使用して行う耐圧試験）又は経済産業大臣がこれらと同等以上のものと認めた高圧ガス保安協会が行う試験に合格するものであること。
- □ [毒性] ガスを冷媒ガスとする冷媒設備に係る受液器であつて、その内容積が [10,000] リットル以上のものの周囲には、液状の当該ガスが漏えいした場合にその [流出] を防止するための措置を講ずること。

重要度：🔥🔥

No.
30
/31

製造方法の技術上の基準

製造方法の技術上の基準については、安全弁の止め弁、点検・補修、修理等の作業計画・作業責任者、可燃性ガス又は毒性ガスの冷媒の危険防止措置、冷媒の漏えい防止措置などについて学習しよう。

Step1 図解 目に焼き付けろ！

冷媒設備の修理時の措置

作業計画 及び

作業責任者

通報 または 監視

作業員

修理等

冷媒設備

・危険防止措置（可燃性ガスまたは毒性ガス）
・開放時の冷媒の漏えい防止措置
・正常作動確認後に製造開始

冷媒設備の修理や清掃時に必要な事項を押さえておこう！
- 作業計画
- 作業責任者
- 作業責任者の監視または作業責任者への通報
- 可燃性ガスまたは毒性ガスの危険防止
- 開放時の冷媒の漏えい防止
- 正常動作確認後の製造

Step2 解説 爆裂に読み込め！

製造の方法に係る技術上の基準

高圧ガスの製造の方法に係る技術上の基準は、冷凍保安規則第9条に次のように規定されている。

（製造の方法に係る技術上の基準）
冷規第九条　法第八条第二号の経済産業省令で定める技術上の基準は、次の各号に掲げるものとする。
一　安全弁に付帯して設けた止め弁は、常に全開しておくこと。ただし、安全弁の修理又は清掃（以下「修理等」という。）のため特に必要な場合は、この限りでない。
二　高圧ガスの製造は、製造する高圧ガスの種類及び製造設備の態様に応じ、一日に一回以上当該製造設備の属する製造施設の異常の有無を点検し、異常のあるときは、当該設備の補修その他の危険を防止する措置を講じてすること。
三　冷媒設備の修理等及びその修理等をした後の高圧ガスの製造は、次に掲げる基準により保安上支障のない状態で行うこと。
イ　修理等をするときは、あらかじめ、修理等の作業計画及び当該作業の責任者を定め、修理等は、当該作業計画に従い、かつ、当該責任者の監視の下に行うこと又は異常があつたときに直ちにその旨を当該責任者に通報するための措置を講じて行うこと。
ロ　可燃性ガス又は毒性ガスを冷媒ガスとする冷媒設備の修理等をするときは、危険を防止するための措置を講ずること。
ハ　冷媒設備を開放して修理等をするときは、当該冷媒設備のうち開放する部分に他の部分からガスが漏えいすることを防止するための措置を講ずること。
ニ　修理等が終了したときは、当該冷媒設備が正常に作動することを確認した後でなければ製造をしないこと。
四　製造設備に設けたバルブを操作する場合には、バルブの材質、構造及び状態を勘案して過大な力を加えないよう必要な措置を講ずること。

高圧ガスの製造の方法に係る技術上の基準についてまとめると、次のとおりである。

①安全弁に付帯して設けた止め弁は、安全弁の修理又は清掃のため特に必要な場合以外、常に全開しておくこと。

安全弁の止め弁は、安全弁の修理・清掃時以外は全開。したがって運転停止中も全開だぜ！

②1日1回以上製造施設の異常の有無を点検し、異常のあるときは、補修その他の危険防止措置を講じること。

認定指定設備で自動制御装置があったとしても、1日1回以上点検する必要があるぞ。1ヶ月に1回ではダメだ。

③修理または清掃をするときは、あらかじめ作業計画及び作業責任者を定めて作業計画に従い、かつ、作業責任者の監視の下に行うか、異常時に直ちに作業責任者に通報する措置を講じて行うこと。

- 修理等には清掃も含まれる。したがって清掃を実施するときにも作業計画と作業責任者を定める必要がある。
- 作業計画と作業責任者は両方とも必要だ。作業計画を定めても作業責任者を定める必要がある。
- 作業責任者の監視の下に修理等を行うことができない場合には、作業責任者に通報する措置を講じて修理等を行うことができる。

④可燃性ガスまたは毒性ガスの冷媒設備の修理等をするときは、危険防止措置を講ずること。

修理等のときの危険防止措置の規定は、可燃性ガスまたは毒性ガスの冷媒設備に適用される。不活性ガスの冷媒設備には適用されない。

⑤冷媒設備を開放して修理等をするときは、ガスの漏えい防止措置を講ずること。

開放して修理等をするときの漏えい防止措置の規定は、冷媒ガスの種類に関わらず適用される。したがって不活性ガスの冷媒設備についても、漏えい防止措置を講じる必要がある。

⑥修理等終了後、冷媒設備が正常に**作動**することを**確認**した後でなければ製造してはならない。

⑦バルブを操作する場合、**過大**な**力**を加えないよう必要な措置を講ずること。

Step3 暗記 何度も読み返せ！

- □ 安全弁に付帯して設けた止め弁は、安全弁の修理又は清掃のため特に必要な場合以外、常に［全開］しておくこと。
- □ ［1］日［1］回以上製造施設の異常の有無を［点検］し、異常のあるときは、［補修］その他の［危険］防止措置を講じること。
- □ 修理または［清掃］をするときは、あらかじめ作業［計画］及び作業［責任］者を定めて作業［計画］に従い、かつ、作業［責任］者の［監視］の下に行うか、異常時に直ちに作業［責任］者に［通報］する措置を講じて行うこと。
- □ ［可燃性］ガスまたは［毒性］ガスの冷媒設備の修理等をするときは、［危険］防止措置を講ずること。
- □ 冷媒ガスの種類に関わらず、冷媒設備を開放して修理等をするときは、ガスの［漏えい］防止措置を講ずること。

重要度：

No.

31

/31

指定設備の認定

指定設備の認定とは、安全上、災害防止上、支障のおそれがない設備として指定認定機関が認定することをいう。指定設備の認定については、組み立て、試験、試運転、変更工事などについて学習しよう。

Step1 図解 目に焼き付けろ!

指定設備の認定とは

- 安全上、災害防止上、支障のおそれがない設備として、基準に適合していると指定認定機関が認定した設備

指定設備の認定のメリット

- 一定の規模以上の冷凍のための高圧ガス製造施設は都道府県知事の許可が必要であるが、認定指定設備は許可が免除される。

一定の規模以上の認定指定設備は、都道府県知事の許可は不要だが、届出は必要だ！

Step2 解説 爆裂に読み込め！

➔ 指定設備の認定

指定設備の認定については、高圧ガス保安法第5条と第56条の7に次のように規定されている。

（製造の許可等）
法第五条　次の各号の一に該当する者は、事業所ごとに、都道府県知事の許可を受けなければならない。
二　冷凍のためガスを圧縮し、又は液化して高圧ガスの製造をする設備でその一日の冷凍能力が二十トン（当該ガスが政令で定めるガスの種類に該当するものである場合にあつては、当該政令で定めるガスの種類ごとに二十トンを超える政令で定める値）以上のもの（第五十六条の七第二項の認定を受けた設備を除く。）を使用して高圧ガスの製造をしようとする者

（指定設備の認定）
法第五十六条の七　高圧ガスの製造（製造に係る貯蔵を含む。）のための設備のうち公共の安全の維持又は災害の発生の防止に支障を及ぼすおそれがないものとして政令で定める設備（以下「指定設備」という。）の製造をする者、指定設備の輸入をした者及び外国において本邦に輸出される指定設備の製造をする者は、経済産業省令で定めるところにより、その指定設備について、経済産業大臣、協会又は経済産業大臣が指定する者（以下「指定設備認定機関」という。）が行う認定を受けることができる。
2　前項の指定設備の認定の申請が行われた場合において、経済産業大臣、協会又は指定設備認定機関は、当該指定設備が経済産業省令で定める技術上の基準に適合するときは、認定を行うものとする。

指定設備の認定についてまとめると次のとおりだ！
①認定を受けた設備は許可を受ける必要がない。
②指定設備とは、安全上、災害防止上、支障のおそれのない設備である。
③指定設備を製造する者は、指定認定機関による認定を受けることができる。
④指定認定機関は基準に適合するときは認定を行う。

指定設備の基準等

高圧ガスの指定設備の基準等については、冷凍保安規則に次のように規定されている。

(1) 指定設備の技術上の基準

指定設備の技術上の基準については、冷凍保安規則第57条に次のように規定されている。

> (指定設備に係る技術上の基準)
> 冷規第五十七条　法第五十六条の七第二項の経済産業省令で定める技術上の基準は、次の各号に掲げるものとする。
> 一　指定設備は、当該設備の製造業者の事業所（以下この条において「事業所」という。）において、第一種製造者が設置するものにあつては第七条第二項（同条第一項第一号から第三号まで、第六号及び第十五号を除く。）、第二種製造者が設置するものにあつては第十二条第二項（第七条第一項第一号から第三号まで、第六号及び第十五号を除く。）の基準に適合することを確保するように製造されていること。
> 二　指定設備は、ブラインを共通に使用する以外には、他の設備と共通に使用する部分がないこと。
> 三　指定設備の冷媒設備は、事業所において脚上又は一つの架台上に組み立てられていること。
> 四　指定設備の冷媒設備は、事業所で行う第七条第一項第六号に規定する試験に合格するものであること。
> 五　指定設備の冷媒設備は、事業所において試運転を行い、使用場所に分割されずに搬入されるものであること。
> 十二　冷凍のための指定設備の日常の運転操作に必要となる冷媒ガスの止め弁には、手動式のものを使用しないこと。
> 十三　冷凍のための指定設備には、自動制御装置を設けること。
> 十四　容積圧縮式圧縮機には、吐出冷媒ガス温度が設定温度以上になつた場合に圧縮機の運転を停止する装置が設けられていること。

指定設備の技術上の基準についてまとめると、次のとおりである。

①指定設備は、製造業者の事業所において、基準に適合することを確保するように製造されていること。
②指定設備は、ブライン以外には、他の設備と共通に使用する部分がないこと。
③指定設備の冷媒設備は、製造業者の事業所において脚上又は一つの架台上に

組み立てられていること。
④指定設備の冷媒設備は、製造業者の事業所で行う気密試験及び配管以外の部分について行う耐圧試験に合格するものであること。
⑤指定設備の冷媒設備は、製造業者の事業所において試運転を行い、使用場所に分割されずに搬入されるものであること。
⑥冷凍のための指定設備の日常の運転操作に必要となる冷媒ガスの止め弁には、手動式のものを使用しないこと。
⑦冷凍のための指定設備には、自動制御装置を設けること。
⑧容積圧縮式圧縮機には、吐出冷媒ガス温度が設定温度以上になつた場合に圧縮機の運転を停止する装置が設けられていること。

冷媒設備の組み立て、試験、試運転は、実施すべき場所が規定されており、製造業者の事業所で実施する必要がある。
また、冷凍の指定設備については、次のように規定されている。
- 止め弁は手動式のものを使用してはならない。
- 自動制御装置を設けなければならない。

要するに、手動は×、自動は○だ！！

(2) 認定証が無効となる変更工事

認定証が無効となる変更工事については、冷凍保安規則第62条に次のように規定されている。

(指定設備認定証が無効となる設備の変更の工事等)
冷規第六十二条　認定指定設備に変更の工事を施したとき、又は認定指定設備の移設等（転用を除く。以下この条及び次条において同じ。）を行つたときは、当該認定指定設備に係る指定設備認定証は無効とする。ただし、次に掲げる場合にあつては、この限りでない。
一　当該変更の工事が同等の部品への交換のみである場合
二　認定指定設備の移設等を行つた場合であつて、当該認定指定設備の指定設備認定証を交付した指定設備認定機関等により調査を受け、認定指定設備技術基準適合書の交付を受けた場合

2　認定指定設備を設置した者は、その認定指定設備に**変更**の工事を施したとき、又は認定指定設備の**移設**等を行つたときは、前項ただし書の場合を除き、前条の規定により当該指定設備に係る指定設備認定証を**返納**しなければならない。

要するに、認定指定設備に変更工事または移設を行ったときは、特に定められた場合を除き、指定設備認定証は無効となり返納しなければならない。

Step 3 暗記 何度も読み返せ！

- □ 指定設備の冷媒設備は、製造業者の［事業所］において脚上又は［一］つの［架台］上に［組み立て］られていること。
- □ 指定設備の冷媒設備は、製造業者の［事業所］で行う［気密試験］及び配管以外の部分について行う［耐圧試験］に合格するものであること。
- □ 指定設備の冷媒設備は、製造業者の［事業所］において［試運転］を行い、使用場所に［分割］されずに搬入されるものであること。
- □ 冷凍のための指定設備の日常の運転操作に必要となる冷媒ガスの止め弁には、［手動］式のものを使用しないこと。
- □ 冷凍のための指定設備には、［自動］制御装置を設けること。
- □ 認定指定設備に［変更］工事または［移設］を行ったときは、特に定められた場合を除き、指定設備認定証は［無効］となり［返納］しなければならない。

燃えろ！演習問題

問題

次の文章の正誤を答えよ。

01 圧縮機、油分離器、蒸発器及び受液器並びにこれらの間の配管は、引火性又は発火性の物（作業に必要なものを除く。）をたい積した場所及び火気（当該製造設備内のものを除く。）の付近にないこと。ただし、当該火気に対して安全な措置を講じた場合は、この限りでない。

02 製造施設には、当該施設の外部から見やすいように警戒標を掲げること。

03 圧縮機、油分離器、凝縮器若しくは受液器又はこれらの間の配管（可燃性ガス、毒性ガス又は特定不活性ガスの製造設備のものに限る。）を設置する室は、冷媒ガスが漏えいしたとき拡散しないような構造とすること。

04 製造設備は、振動、衝撃、腐食等により冷媒ガスが漏れないものであること。

■凝縮器（［①　　］円筒形で胴部の長さが［②　　］メートル以上のものに限る。以下この号において同じ。）、受液器（内容積が［③　　］リットル以上のものに限る。以下この号において同じ。）及び配管（冷媒設備に係る地盤面上の配管（外径四十五ミリメートル以上のものに限る。）であって、内容積が三立方メートル以上のもの又は凝縮器及び受液器に接続されているもの）並びにこれらの支持構造物及び基礎（以下「耐震設計構造物」という。）は、経済産業大臣が定める耐震に関する性能を有すること。

05 ［①　　］に入る語句は「横置」である。

06 ［②　　］に入る数字は「3」である。

07 ［③　　］に入る数字は「5000」である。

■冷媒設備は、許容圧力以上の圧力で行う気密試験及び ① の部分について許容圧力の ② 倍以上の圧力で水その他の安全な液体を使用して行う耐圧試験（液体を使用することが困難であると認められるときは、許容圧力の ③ 倍以上の圧力で空気、窒素等の気体を使用して行う耐圧試験）又は経済産業大臣がこれらと同等以上のものと認めた高圧ガス保安協会（以下「協会」という。）が行う試験に合格するものであること。

08 ① に入る語句は「配管」である

09 ② に入る数字は「1.25」である。

10 ③ に入る数字は「2.0」である。

11 冷媒設備（圧縮機（当該圧縮機が強制潤滑方式であって、潤滑油圧力に対する保護装置を有するものは除く。）の油圧系統を含む。）には、圧力計を設けること。

12 冷媒設備には、当該設備内の冷媒ガスの圧力が耐圧試験圧力を超えた場合に直ちに耐圧試験圧力以下に戻すことができる安全装置を設けること。

13 安全装置（当該冷媒設備から大気に冷媒ガスを放出することのないもの及び不活性ガスを冷媒ガスとする冷媒設備に設けたもの並びに吸収式アンモニア冷凍機（次号に定める基準に適合するものに限る。以下この条において同じ。）に設けたものを除く。）のうち安全弁又は破裂板には、放出管を設けること。この場合において、放出管の開口部の位置は、放出する冷媒ガスの性質に応じた適切な位置であること。

14 可燃性ガス又は毒性ガスを冷媒ガスとする冷媒設備に係る受液器に設ける液面計には、丸形ガラス管液面計のものを使用すること。

15 受液器にガラス管液面計を設ける場合には、当該ガラス管液面計にはその破損を防止するための措置を講じ、当該受液器（可燃性ガス又は毒性ガスを冷媒ガスとする冷媒設備に係るものに限る。）と当該ガラス管液面計とを接続する配管には、当該ガラス管液面計の破損による漏えいを防止するための措置を講ずること。

16 毒性ガスの製造施設には、その規模に応じて、適切な消火設備を適切な箇所に設けること。

17 毒性ガスを冷媒ガスとする冷媒設備に係る受液器であって、その内容積が五千リットル以上のものの周囲には、液状の当該ガスが漏えいした場合にその流出を防止するための措置を講ずること。

18 可燃性ガス（アンモニアを除く。）を冷媒ガスとする冷媒設備に係る電気設備は、その設置場所及び当該ガスの種類に応じた防爆性能を有する構造のものであること。

19 可燃性ガス、毒性ガス又は特定不活性ガスの製造施設には、当該施設から漏えいするガスが滞留するおそれのある場所に、当該ガスの漏えいを検知し、かつ、警報するための設備を設けること。ただし、吸収式アンモニア冷凍機に係る施設については、この限りでない。

20 可燃性ガスの製造設備には、当該ガスが漏えいしたときに安全に、かつ、速やかに除害するための措置を講ずること。ただし、吸収式アンモニア冷凍機については、この限りでない。

21 製造設備に設けたバルブ又はコック（操作ボタン等により当該バルブ又はコックを開閉する場合にあっては、当該操作ボタン等とし、操作ボタン等を使用することなく手動で開閉されるバルブ又はコックを除く。以下同じ。）には、作業員が当該バルブ又はコックを適切に操作することができるような措置を講ずること。

22 安全弁に付帯して設けた止め弁は、常に全閉しておくこと。ただし、安全弁の修理又は清掃（以下「修理等」という。）のため特に必要な場合は、この限りでない。

23 高圧ガスの製造は、製造する高圧ガスの種類及び製造設備の態様に応じ、３日に一回以上当該製造設備の属する製造施設の異常の有無を点検し、異常のあるときは、当該設備の補修その他の危険を防止する措置を講じてすること。

24 修理等をするときは、あらかじめ、修理等の作業計画及び当該作業の責任者を定め、修理等は、当該作業計画に従い、かつ、当該責任者の監視の下に行うこと又は異常があつたときに直ちにその旨を当該責任者に通報するための措置を講じて行うこと。

25 可燃性ガス又は毒性ガスを冷媒ガスとする冷媒設備の修理等をするときは、危険を防止するための措置を講ずること。

26 冷媒設備を開放して修理等をするときは、当該冷媒設備のうち開放する部分に他の部分からガスが漏えいすることを防止するための措置を講ずること。

27 修理等が終了したときは、当該冷媒設備が正常に作動することを確認した後でなければ製造をしないこと。

28 製造設備に設けたバルブを操作する場合には、バルブの材質、構造及び状態を勘案して過大な力を加えないよう必要な措置を講ずること。

29 指定設備は、冷媒を共通に使用する以外には、他の設備と共通に使用する部分がないこと。

30 指定設備の冷媒設備は、事業所において脚上又は個別の架台上に組み立てられていること。

31 指定設備の冷媒設備は、事業所において試運転を行い、使用場所に分割されて搬入されるものであること。

32 冷凍のための指定設備の日常の運転操作に必要となる冷媒ガスの止め弁には、自動式のものを使用しないこと。

33 冷凍のための指定設備には、自動制御装置を設けること。

34 指定設備に係る技術上の基準において、容積圧縮式圧縮機には、吐出冷媒ガス温度が設定温度以上になった場合に圧縮機の運転を停止する装置が設けられていること。

35 認定指定設備に変更工事または移設を行ったときは、特に定められた場合を除き、指定設備認定証は無効となり返納しなければならない。

解答・解説

01 ×：この文に当てはまるのは、「圧縮機、油分離器、凝縮器及び受液器並びにこれらの間の配管」である。

02 ○

03 × 冷媒ガスが漏えいしたとき、「拡散」ではなく「滞留」しないような構造とする。

04 ○

05 ×：「縦置」である。

06 ×：「5」である。

07 ○

08 ×：「配管以外」である

09　×：「1.5」である。
10　×：「1.25」である。
11　○
12　×：文章内の「耐圧試験圧力」は「**許容圧力**」。
13　○
14　×：可燃性ガス又は毒性ガスを冷媒ガスとする冷媒設備に係る受液器に設ける液面計には、丸形ガラス管液面計「**以外**」のものを使用すること。
15　○
16　×：「毒性ガスの製造施設」ではなく、「**可燃性**ガスの製造施設」に必要な条件。
17　×：内容積が「五千リットル以上」ではなく「**一万**リットル以上」のものの場合に措置が必要である。
18　○
19　○
20　×：「可燃性ガスの製造施設」ではなく、「**毒性**ガスの製造施設」に必要な措置。
21　×：「手動で開閉されるバルブ又はコックを除く」は「**自動制御**で開閉されるバルブ又はコックを除く」が正しい。
22　×：安全弁に付帯して設けた止め弁は、常に「**全開**」しておく。
23　×：点検は「３日に一回以上」ではなく、「１日に一回以上」。
24　○
25　○
26　○
27　○
28　○
29　×：指定設備は、「**ブライン**」を共通に使用する以外には、他の設備と共通に使用する部分がないこととされている。
30　×：指定設備の冷媒設備は、事業所において脚上又は「**一つ**」の架台上に組み立てられていること。
31　×：搬入は「**分割されずに**」する必要がある。
32　×：冷凍のための指定設備の日常の運転操作に必要となる冷媒ガスの止め弁に使用しないのは「**手動式**」。

🔥33 ○
🔥34 ○
🔥35 ○

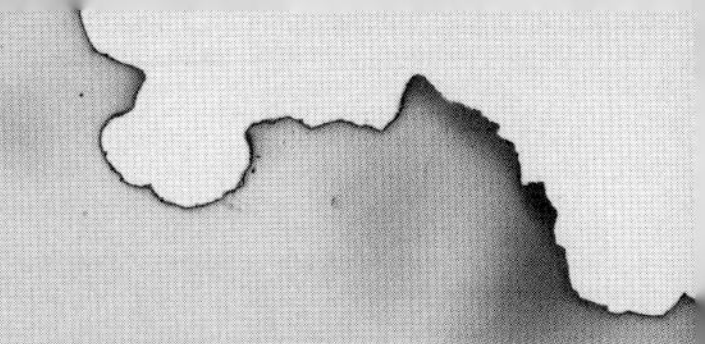

模擬問題

第1回　模擬問題
　　　　解答解説
第2回　模擬問題
　　　　解答解説

試験時間	保安管理技術　1時間30分
	法令　1時間
配点	各問　1点
合格基準	保安管理技術　9点
	法令　12点

※両科目とも合格基準を満たす場合に合格となる。

➔ 模擬問題 第1回

保安管理

制限時間：90分

問題1 次のイ、ロ、ハ、ニの記述のうち、冷凍の原理などについて正しいものはどれか。

イ. ブルドン管圧力計で指示される圧力は、管内圧力である大気圧と管外圧力である冷媒圧力の差であり、この圧力をゲージ圧力と呼ぶ。
ロ. 液体1kgを等圧のもとで蒸発させるのに必要な熱量を、蒸発潜熱という。
ハ. 冷凍装置の冷凍能力に圧縮機の駆動軸動力を加えたものが、凝縮器の凝縮負荷である。
ニ. 必要な冷凍能力を得るための圧縮機の駆動軸動力が小さいほど、冷凍装置の性能が良い。この圧縮機の駆動軸動力あたりの冷凍能力の値が、圧縮機の効率である。

(1) イ、ロ　(2) ロ、ハ　(3) ハ、ニ　(4) イ、ロ、ニ
(5) イ、ハ、ニ

問題2 次のイ、ロ、ハ、ニの記述のうち、冷凍サイクルおよび熱の移動について正しいものはどれか。

イ. 冷凍サイクルの蒸発器で、冷媒から奪う熱量のことを冷凍効果という。この冷凍効果の値は、同じ冷媒でも冷凍サイクルの運転条件によって変わる。
ロ. 理論ヒートポンプサイクルの成績係数は、理論冷凍サイクルの成績係数よりも1だけ大きい。
ハ. 固体壁で隔てられた流体間で熱が移動するとき、固体壁両表面の熱伝達率と固体壁の熱伝導率が与えられれば、水あかの付着を考慮しない場合の熱通過率の値を計算することができる。

ニ. 熱の移動には、熱伝導、熱放射および熱伝達の3つの形態がある。一般に、熱量の単位はJまたはkJであり、伝熱量の単位はWまたはkWである。

(1) イ、ロ　(2) イ、ハ　(3) ロ、ハ　(4) ロ、ニ　(5) イ、ハ、ニ

問題3 次のイ、ロ、ハ、ニの記述のうち、成績係数および冷媒循環量について正しいものはどれか。

イ. 圧縮機の全断熱効率が大きくなると、圧縮機駆動の軸動力は小さくなり、冷凍装置の実際の成績係数は大きくなる。
ロ. 蒸発温度と凝縮温度との温度差が大きくなると、断熱効率と機械効率が大きくなるとともに、冷凍装置の実際の成績係数は低下する。
ハ. 往復圧縮機の冷媒循環量は、ピストン押しのけ量、圧縮機の吸込み蒸気の比体積および体積効率の大きさにより決まる。
ニ. 圧縮機の吸込み圧力が低いほど、また、吸込み蒸気の過熱度が大きいほど、圧縮機の冷媒循環量および冷凍能力が大きくなる。

(1) イ、ハ　(2) イ、ニ　(3) ロ、ハ　(4) ロ、ニ　(5) ハ、ニ

問題4 次のイ、ロ、ハ、ニの記述のうち、冷媒、冷凍機油およびブラインについて正しいものはどれか。

イ. フルオロカーボン冷媒の沸点は種類によって異なり、同じ温度条件で比べると、一般に、沸点の低い冷媒は、沸点の高い冷媒よりも飽和圧力が高い。
ロ. 同じ体積で比べると、アンモニア冷媒液は冷凍機油よりも重いが、漏えいしたアンモニア冷媒ガスは空気よりも軽い。
ハ. フルオロカーボン冷媒は、腐食性がないので銅や銅合金を使用できる利点があるが、冷媒中に水分が混入すると、金属を腐食させることがある。
ニ. 塩化カルシウム濃度20%のブラインは、使用中に空気中の水分を凝縮させて取り込むと凍結温度が低下する。

(1) イ、ロ　(2) イ、ハ　(3) ロ、ハ　(4) ロ、ニ　(5) ハ、ニ

問題5 次のイ、ロ、ハ、ニの記述のうち、圧縮機について正しいものはどれか。

イ．開放圧縮機はシャフトシールを必要とするが、全密閉圧縮機および半密閉圧縮機はシャフトシールが不要である。

ロ．多気筒圧縮機では、アンローダと呼ばれる容量制御装置で無段階に容量を制御できる。

ハ．ロータリー圧縮機は遠心式に分類され、ロータの回転による遠心力で冷媒蒸気を圧縮する。

ニ．停止中に多気筒圧縮機のクランクケース内の油温が低いと、始動時にオイルフォーミングを起こしやすい。

(1) イ、ハ　(2) イ、ニ　(3) ロ、ハ　(4) ロ、ニ　(5) イ、ハ、ニ

問題6 次のイ、ロ、ハ、ニの記述のうち、凝縮器について正しいものはどれか。

イ．水冷横形シェルアンドチューブ凝縮器は、円筒胴、管板、冷却管などによって構成され、高温高圧の冷媒ガスは冷却管内を流れる冷却水により冷却され、凝縮液化する。

ロ．冷却管の水あかの熱伝導抵抗を汚れ係数で表すと、汚れ係数が大きいほど、熱通過率が低下する。

ハ．空冷凝縮器は、空気の潜熱を用いて冷媒を凝縮させる凝縮器である。

ニ．凝縮器への不凝縮ガスの混入は、冷媒側の熱伝達の不良や凝縮圧力の低下を招く。

(1) イ、ロ　(2) イ、ハ　(3) イ、ニ　(4) ロ、ハ　(5) ロ、ニ

問題7 次のイ、ロ、ハ、ニの記述のうち、蒸発器について正しいものはどれか。

イ. 蒸発器における冷凍能力は、冷却される空気や水などと冷媒との間の平均温度差、熱通過率および伝熱面積に正比例する。

ロ. 蒸発器は、冷媒の供給方式により、乾式、満液式および冷媒液強制循環式などに分類される。シェル側に冷媒を供給し、冷却管内にブラインを流して冷却するシェルアンドチューブ蒸発器は乾式である。

ハ. シェルアンドチューブ乾式蒸発器では、水側の熱伝達率を向上させるために、バッフルプレートを設置する。

ニ. 散水方式でデフロストをする場合、冷蔵庫外の排水管にトラップを設けることで、冷蔵庫内への外気の侵入を防止できる。

(1) イ、ロ　(2) イ、ハ　(3) ロ、ニ　(4) イ、ハ、ニ
(5) ロ、ハ、ニ

問題8 次のイ、ロ、ハ、ニの記述のうち、自動制御機器について正しいものはどれか。

イ. 膨張弁容量が蒸発器の容量に対して小さ過ぎる場合、ハンチングを生じやすくなり、熱負荷の大きなときに冷媒流量が不足する。

ロ. キャピラリチューブは、細管を流れる冷媒の抵抗による圧力降下を利用して、冷媒の絞り膨張を行う機器である。

ハ. 凝縮圧力調整弁は、凝縮圧力が設定圧力以下にならないように、凝縮器から流出する冷媒液を絞る。

ニ. 給油ポンプを内蔵した圧縮機は、運転中に定められた油圧を保持できなくなると油圧保護圧力スイッチが作動して、停止する。このスイッチは、一般的に自動復帰式である。

(1) イ　(2) ロ　(3) ハ　(4) ニ　(5) ロ、ハ

問題9 次のイ、ロ、ハ、ニの記述のうち、附属機器について正しいものはどれか。

イ．高圧受液器内にはつねに冷媒液を確保するようにし、受液器出口では蒸気が液とともに流れ出ないような構造とする。
ロ．液分離器は、蒸発器と圧縮機との間の吸込み蒸気配管に取り付け、冷媒蒸気中に混在した冷媒液を分離し、圧縮機を保護する役割をもつ。
ハ．油分離器は、圧縮機の吸込み蒸気配管に取り付け、冷媒液と冷凍機油を分離することにより、凝縮器や蒸発器の伝熱の低下を防ぐ。
ニ．フルオロカーボン冷凍装置の冷媒系統に水分が存在すると、装置の各部に悪影響を及ぼすため、ドライヤを設ける。ドライヤの乾燥剤として水分を吸着して化学変化を起こしやすいシリカゲルやゼオライトなどが用いられる。

(1) イ、ロ　(2) イ、ハ　(3) ロ、ハ　(4) ロ、ニ　(5) ハ、ニ

問題10 次のイ、ロ、ハ、ニの記述のうち、冷媒配管について正しいものはどれか。

イ．圧縮機吸込み蒸気配管の二重立ち上がり管は、冷媒液の戻り防止のために使用される。
ロ．高圧冷媒液管内にフラッシュガスが発生すると、膨張弁の冷媒流量が減少して、冷凍能力が減少する。
ハ．配管用炭素鋼鋼管（SGP）は、一般に、冷媒R 410Aの高圧冷媒配管に使用される。
ニ．圧縮機の停止中に、配管内で凝縮した冷媒液や油が逆流しないようにすることは、圧縮機吐出し管の施工上、重要なことである。

(1) イ、ロ　(2) イ、ハ　(3) ロ、ニ　(4) イ、ハ、ニ
(5) ロ、ハ、ニ

問題11 次のイ、ロ、ハ、ニの記述のうち、安全装置などについて正しいものはどれか。

イ. 圧力容器に取り付ける安全弁の最小口径は、容器の外径、容器の長さおよび高圧部、低圧部に分けて定められた定数によって決まり、冷媒の種類に依存しない。

ロ. 溶栓が作動すると内部の冷媒が大気圧になるまで放出するので、可燃性または毒性ガスを冷媒とした冷凍装置には溶栓を使用してはならない。

ハ. 高圧遮断装置は、安全弁噴出の前に圧縮機を停止させ、低圧側圧力の異常な上昇を防止するために取り付けられ、原則として手動復帰式である。

ニ. 液封による配管や弁の破壊、破裂などの事故は、低圧液配管において発生することが多い。

(1) イ、ロ　(2) イ、ハ　(3) ロ、ハ　(4) ロ、ニ　(5) ハ、ニ

問題12 次のイ、ロ、ハ、ニの記述のうち、圧力容器などについて正しいものはどれか。

イ. 冷媒がフルオロカーボンの場合には、2%を超えるマグネシウムを含有したアルミニウム合金は使用できない。

ロ. 一般の鋼材の低温脆性による破壊は、低温で切り欠きなどの欠陥があり、引張りまたはこれに似た応力がかかっている場合に、繰返し荷重が引き金になってゆっくりと発生する。

ハ. 許容圧力は冷凍設備において現に許容する最高の圧力であって、設計圧力または腐れしろを除いた肉厚に対応する圧力のうち、いずれか低いほうの圧力をいう。

ニ. 円筒胴の直径が小さいほど、また、円筒胴の内側にかかっている内圧が高いほど、円筒胴の必要とする板厚は厚くなる。

(1) イ、ハ　(2) イ、ニ　(3) ロ、ハ　(4) ロ、ニ　(5) イ、ハ、ニ

問題13 次のイ、ロ、ハ、ニの記述のうち、据付けおよび試験について正しいものはどれか。

イ. 圧縮機の防振支持を行った場合、配管を通じた振動の伝播を防止するために可とう管（フレキシブルチューブ）を用いる。

ロ. 気密の性能を確かめるための気密試験は、内部に圧力のかかった状態でつち打ちをして行う。この時に、溶接補修などの熱を加えてはいけない。

ハ. 微量の漏れを嫌うフルオロカーボン冷凍装置の真空試験は、微量の漏れや漏れの箇所を特定することができる。

ニ. 真空乾燥の終わった冷凍装置には、冷凍機油を充てんする。使用する冷凍機油は、圧縮機の種類、冷媒の種類、運転温度条件などによって異なるので、一般には、メーカの指定した冷凍機油を使用する。

(1) イ、ハ　(2) イ、ニ　(3) ロ、ハ　(4) ロ、ニ　(5) ハ、ニ

問題14 次のイ、ロ、ハ、ニの記述のうち、冷凍装置の運転管理について正しいものはどれか。

イ. 圧縮機の吐出しガス圧力が高くなると、蒸発圧力が一定ならば、圧縮機の体積効率が低下し、圧縮機駆動の軸動力は増加するが、装置の冷凍能力は変化しない。

ロ. 水冷凝縮器の冷却水温度が一定の場合、冷却水量が減少すると、凝縮圧力の上昇、圧縮機吐出ガス温度の上昇などが起こる。

ハ. 冷凍装置を長期間休止させる場合には、ポンプダウンして低圧側の冷媒を受液器に回収し、低圧側と圧縮機内を大気圧よりも低い圧力に保持しておく。

ニ. 冷蔵庫に高い温度の品物が大量に入ると、庫内温度が上昇するので、冷媒の蒸発温度が上昇し、冷媒循環量が増加して冷凍装置の冷凍能力は増加する。

(1) イ、ロ　(2) イ、ハ　(3) ロ、ニ　(4) イ、ハ、ニ
(5) ロ、ハ、ニ

問題15 次のイ、ロ、ハ、ニの記述のうち、保守管理について正しいものはどれか。

イ. 冷凍負荷が急激に増大すると、蒸発器での冷媒の沸騰が激しくなり、蒸気とともに液滴が圧縮機に吸い込まれ、液戻り運転となることがある。
ロ. アンモニア冷凍装置の液封事故を防ぐため、液封が起こりそうな箇所には、安全弁や破裂板を取り付ける。
ハ. フルオロカーボン冷媒の大気への排出を抑制するため、フルオロカーボン冷凍装置内の不凝縮ガスを含んだ冷媒を全量回収し、装置内に混入した不凝縮ガスを排除した。
ニ. フルオロカーボン冷凍装置において、冷凍機油の充填には、水分への配慮は必要ないが、冷媒の充填には、水分が混入しないように細心の注意が必要である。

(1) イ、ロ　(2) イ、ハ　(3) イ、ニ　(4) ロ、ハ　(5) ロ、ニ

法令

制限時間：60分

問題1 次のイ、ロ、ハの記述のうち、正しいものはどれか。

イ. 常用の温度において圧力が1メガパスカル以上となる圧縮ガス（圧縮アセチレンガスを除く。）であって、現にその圧力が1メガパスカル以上であるものは高圧ガスである。
ロ. 温度35 度以下で圧力が0.2 メガパスカルとなる液化ガスは、高圧ガスである。
ハ. 高圧ガス保安法は、高圧ガスによる災害を防止して公共の安全を確保する目的のために、民間事業者による高圧ガスの保安に関する自主的な活動を促進することを定めているが、高圧ガス保安協会による高圧ガスの保安に関する自主的な活動を促進することは定めていない。

(1) イ　(2) ロ　(3) イ、ロ　(4) イ、ハ　(5) イ、ロ、ハ

問題2 次のイ、ロ、ハの記述のうち、正しいものはどれか。

イ. アンモニアを冷媒ガスとする1日の冷凍能力が50トンの一つの設備を使用して冷凍のため高圧ガスの製造をしようとする者は、都道府県知事等の許可を受けなければならない。

ロ. 1日の冷凍能力が5トン未満の冷凍設備内におけるフルオロカーボン（不活性のものに限る。）は、高圧ガス保安法の適用を受けない。

ハ. 専ら冷凍設備に用いる機器の製造の事業を行う者（機器製造業者）が所定の技術上の基準に従って製造しなければならない機器は、冷媒ガスの種類にかかわらず、1日の冷凍能力が20トン以上の冷凍機に用いられるものに限られている。

（1）イ　（2）イ、ロ　（3）イ、ハ　（4）ロ、ハ　（5）イ、ロ、ハ

問題3 次のイ、ロ、ハの記述のうち、正しいものはどれか。

イ. 冷凍のための製造施設の冷媒設備内の高圧ガスであるアンモニアは、高圧ガスの廃棄に係る技術上の基準に従って廃棄しなければならないものに該当する。

ロ. 第一種製造者は、高圧ガスの製造を開始したときは、遅滞なく、その旨を都道府県知事等に届け出なければならないが、高圧ガスの製造を廃止したときは、その旨を届け出る必要はない。

ハ. 第一種製造者は、高圧ガスの製造施設の位置、構造又は設備の変更の工事をしようとするときは、その工事が定められた軽微なものである場合を除き、都道府県知事等の許可を受けなければならない。

（1）イ　（2）ロ　（3）イ、ハ　（4）ロ、ハ　（5）イ、ロ、ハ

問題4 次のイ、ロ、ハの記述のうち、冷凍に係る製造事業所における冷媒ガスの補充用としての容器による高圧ガス（質量が1.5キログラムを超えるもの）の貯蔵の方法に係る技術上の基準について一般高圧ガス保安規則上正しいものはどれか。

イ. アンモニアの充てん容器及び残ガス容器の貯蔵は、通風の良い場所で行わなければならない。
ロ. アンモニアの充てん容器を車両に積載して貯蔵することは、特に定められた場合を除き禁じられているが、不活性ガスのフルオロカーボンの充てん容器を車両に積載して貯蔵することは、いかなる場合であっても禁じられていない。
ハ. アンモニアの充てん容器及び残ガス容器（内容積がそれぞれ5リットルを超えるもの）には、転落、転倒等による衝撃及びバルブの損傷を防止する措置を講じ、かつ、粗暴な取扱いをしてはならない。

(1) イ　(2) ロ　(3) イ、ハ　(4) ロ、ハ　(5) イ、ロ、ハ

問題5 次のイ、ロ、ハの記述のうち、車両に積載した容器（内容積が48リットルのもの）による冷凍設備の冷媒ガスの補充用の高圧ガスの移動に係る技術上の基準等について一般高圧ガス保安規則上正しいものはどれか。

イ. 液化アンモニアを移動するときは、消火設備のほか防毒マスク、手袋その他の保護具並びに災害発生防止のための応急措置に必要な資材、薬剤及び工具等も携行しなければならない。
ロ. 液化アンモニアを移動するときは、転落、転倒等による衝撃及びバルブの損傷を防止する措置を講じ、かつ、粗暴な取扱いをしてはならないが、液化フルオロカーボン（不活性のものに限る。）を移動するときはその定めはない。
ハ. 高圧ガスを移動する車両の見やすい箇所に警戒標を掲げなければならない高圧ガスは、可燃性ガス及び毒性ガスの種類に限られている。

(1) イ　(2) ロ　(3) イ、ハ　(4) ロ、ハ　(5) イ、ロ、ハ

問題6 次のイ、ロ、ハの記述のうち、冷凍設備の冷媒ガスの補充用の高圧ガスを充填するための容器（再充填禁止容器を除く。）について正しいものはどれか。

イ．容器検査に合格した容器には、特に定めるものを除き、充填すべき高圧ガスの種類として、高圧ガスの名称、略称又は分子式が刻印等されている。
ロ．容器の外面の塗色は高圧ガスの種類に応じて定められており、液化アンモニアの容器の場合は、白色である。
ハ．容器又は附属品の廃棄をする者は、その容器又は附属品をくず化し、その他容器又は附属品として使用することができないように処分しなければならない。

（1）イ　（2）ハ　（3）イ、ロ　（4）ロ、ハ　（5）イ、ロ、ハ

問題7 次のイ、ロ、ハの記述のうち、冷凍能力の算定基準について冷凍保安規則上正しいものはどれか。

イ．冷媒ガスの種類に応じて定められた数値又は所定の算式で得られた数値（C）は、回転ピストン型圧縮機を使用する製造設備の1日の冷凍能力の算定に必要な数値の一つである。
ロ．圧縮機の標準回転速度における1時間のピストン押しのけ量の数値（V）は、遠心式圧縮機を使用する製造設備の1日の冷凍能力の算定に必要な数値の一つである。
ハ．冷媒設備内の冷媒ガスの充塡量の数値（W）は、往復動式圧縮機を使用する製造設備の1日の冷凍能力の算定に必要な数値の一つである。

（1）イ　（2）イ、ロ　（3）イ、ハ　（4）ロ、ハ　（5）イ、ロ、ハ

問題8 次のイ、ロ、ハの記述のうち、冷凍のため高圧ガスの製造をする第二種製造者について正しいものはどれか。

イ. 第二種製造者は、事業所ごとに、高圧ガスの製造開始の日の20日前までに、その旨を都道府県知事等に届け出なければならない。
ロ. 第二種製造者は、製造設備の変更の工事を完成したとき、許容圧力以上の圧力で行う所定の気密試験を行った後に高圧ガスの製造をすることができる。
ハ. 全ての第二種製造者は、冷凍保安責任者を選任しなくてよい。
(1) イ　(2) ロ　(3) イ、ロ　(4) ロ、ハ　(5) イ、ロ、ハ

問題9 次のイ、ロ、ハの記述のうち、冷凍保安責任者を選任しなければならない事業所における冷凍保安責任者及びその代理者について正しいものはどれか。

イ. 1日の冷凍能力が 90トンである製造施設の冷凍保安責任者には、第三種冷凍機械責任者免状の交付を受け、かつ、高圧ガスの製造に関する所定の経験を有する者を選任することができる。
ロ. 冷凍保安責任者の代理者は、冷凍保安責任者の職務を代行する場合は、高圧ガス保安法の規定の適用については、冷凍保安責任者とみなされる。
ハ. 選任している冷凍保安責任者を解任し、新たな者を選任したときは、遅滞なく、その旨を都道府県知事等に届け出なければならないが、冷凍保安責任者の代理者を解任及び選任したときには届け出る必要はない。
(1) ロ　(2) ハ　(3) イ、ロ　(4) イ、ハ　(5) イ、ロ、ハ

問題10 次のイ、ロ、ハの記述のうち、冷凍のため高圧ガスの製造をする第一種製造者（認定保安検査実施者である者を除く。）が受ける保安検査について正しいものはどれか。

イ. 保安検査は、3年以内に少なくとも1回以上行われる。
ロ. 特定施設について、高圧ガス保安協会が行う保安検査を受けた場合、高圧ガス保安協会が遅滞なくその結果を都道府県知事等に報告することとなっているので、第一種製造者がその保安検査を受けた旨を都道府県知事等に届け出るべき定めはない。
ハ. 保安検査は、特定施設の位置、構造及び設備並びに高圧ガスの製造の方法が所定の技術上の基準に適合しているかどうかについて行われる。
(1) イ　(2) ロ　(3) イ、ハ　(4) ロ、ハ　(5) イ、ロ、ハ

問題11 次のイ、ロ、ハの記述のうち、冷凍のため高圧ガスの製造をする第一種製造者（冷凍保安責任者を選任しなければならない者に限る。）が行う定期自主検査について正しいものはどれか。

イ. 定期自主検査は、製造施設の位置、構造及び設備が技術上の基準に適合しているかどうかについて行わなければならないが、その技術上の基準のうち耐圧試験に係るものは除かれている。
ロ. 定期自主検査は、3年以内に少なくとも1回以上行うことと定められている。
ハ. 定期自主検査を行うときは、選任している冷凍保安責任者にその定期自主検査の実施について監督を行わせなければならない。
(1) イ　(2) イ、ロ　(3) イ、ハ　(4) ロ、ハ　(5) イ、ロ、ハ

問題12 次のイ、ロ、ハの記述のうち、冷凍のため高圧ガスの製造をする第一種製造者が定めるべき危害予防規程について正しいものはどれか。

イ. 危害予防規程を守るべき者は、その第一種製造者及びその従業者である。
ロ. 協力会社の作業の管理に関することは、危害予防規程に定めるべき事項の一つである。
ハ. 危害予防規程の作成及び変更の手続に関することは、危害予防規程に定めるべき事項の一つである。

(1) イ　(2) イ、ロ　(3) イ、ハ　(4) ロ、ハ　(5) イ、ロ、ハ

問題13 次のイ、ロ、ハの記述のうち、冷凍のため高圧ガスの製造をする第一種製造者について正しいものはどれか。

イ. 高圧ガスの製造施設が危険な状態となったときは、直ちに、応急の措置を講じなければならない。また、この第一種製造者に限らずこの事態を発見した者は、直ちに、その旨を都道府県知事等又は警察官、消防吏員若しくは消防団員若しくは海上保安官に届け出なければならない。
ロ. 事業所ごとに帳簿を備え、その製造施設に異常があった場合、異常があった年月日及びそれに対してとった措置をその帳簿に記載し、製造開始の日から10年間保存しなければならない。
ハ. その占有する液化アンモニアの充填容器を盗まれたときは、遅滞なく、その旨を都道府県知事等又は警察官に届け出なければならないが、残ガス容器を喪失したときは、その必要はない。

(1) イ　(2) ロ　(3) イ、ロ　(4) ロ、ハ　(5) イ、ロ、ハ

問題14 次のイ、ロ、ハの記述のうち、冷凍のため高圧ガスの製造をする第一種製造者（認定完成検査実施者である者を除く。）が行う製造施設の変更の工事について正しいものはどれか。

イ. アンモニアを冷媒ガスとする圧縮機の取替えの工事は、冷媒設備に係る切断、溶接を伴わない工事であって、その設備の冷凍能力の変更を伴わないものであっても、定められた軽微な変更の工事には該当しない。
ロ. 製造施設の特定変更工事の完成後、高圧ガス保安協会が行う完成検査を受け所定の技術上の基準に適合していると認められた場合は、完成検査を受けた旨を都道府県知事等に届け出ることなく、かつ、都道府県知事等が行う完成検査を受けることなく、その施設を使用することができる。
ハ. 製造施設の位置、構造又は設備の変更の工事について、都道府県知事等の許可を受けた場合であっても、完成検査を受けることなく、その製造施設を使用することができる変更の工事があるが、アンモニアを冷媒ガスとする製造施設には適用されない。

(1) イ　(2) ロ　(3) イ、ハ　(4) ロ、ハ　(5) イ、ロ、ハ

問題15 次のイ、ロ、ハの記述のうち、製造設備がアンモニアを冷媒ガスとする定置式製造設備（吸収式アンモニア冷凍機であるものを除く。）である第一種製造者の製造施設に係る技術上の基準について冷凍保安規則上正しいものはどれか。

イ. 冷媒設備の圧縮機を設置する室は、冷媒設備から冷媒ガスであるアンモニアが漏えいしたときに、滞留しないような構造としなければならないものに該当する。
ロ. 製造設備が専用機械室に設置され、かつ、その室を運転中強制換気できる構造とした場合、冷媒設備の安全弁に設けた放出管の開口部の位置については、特に定められていない。
ハ. 受液器に丸形ガラス管液面計以外のガラス管液面計を設ける場合には、その液面計の破損を防止するための措置を講じるか、又は受液器とガラス管液面計とを接続する配管にその液面計の破損による漏えいを防止するため

の措置のいずれかの措置を講じることと定められている。

(1) イ　(2) ロ　(3) ハ　(4) イ、ロ　(5) イ、ハ

問題16 次のイ、ロ、ハの記述のうち、製造設備がアンモニアを冷媒ガスとする定置式製造設備（吸収式アンモニア冷凍機であるものを除く。）である第一種製造者の製造施設に係る技術上の基準について冷凍保安規則上正しいものはどれか。

イ. 製造施設から漏えいするガスが滞留するおそれのある場所に、そのガスの漏えいを検知し、かつ、警報するための設備を設けた場合であっても、この製造施設にはその規模に応じて、適切な消火設備を適切な箇所に設けなければならない。

ロ. 受液器の周囲には、冷媒ガスである液状のアンモニアが漏えいした場合にその流出を防止するための措置を講じなければならないものがあるが、受液器の内容積が5000リットルであるものは、それに該当しない。

ハ. 製造設備が専用機械室に設置されている場合であっても、その製造設備にはアンモニアが漏えいしたときに安全に、かつ、速やかに除害するための措置を講じなければならない。

(1) イ　(2) イ、ロ　(3) イ、ハ　(4) ロ、ハ　(5) イ、ロ、ハ

問題17 次のイ、ロ、ハの記述のうち、冷凍保安規則に定める第一種製造者の定置式製造設備である製造施設に係る技術上の基準に適合しているものはどれか。

イ. 冷媒設備の配管の完成検査における気密試験を、許容圧力の 1.1 倍の圧力で行った。

ロ. 製造設備に設けたバルブ又はコックが操作ボタン等により開閉されるものであっても、作業員がその操作ボタン等を適切に操作することができるような措置を講じなかった。

ハ. 配管以外の冷媒設備の完成検査において行う耐圧試験を、水その他の安全な液体を使用することが困難であると認められたので、窒素ガスを使用して許容圧力の1.25倍の圧力で行うこととした。

(1) イ (2) ロ (3) イ、ハ (4) ロ、ハ (5) イ、ロ、ハ

問題18 次のイ、ロ、ハの記述のうち、製造設備が定置式製造設備である第一種製造者の製造施設に係る技術上の基準について冷凍保安規則上正しいものはどれか。

イ. 冷媒設備の圧縮機が強制潤滑方式であり、かつ、潤滑油圧力に対する保護装置を有しているものである場合は、その冷媒設備には、圧力計を設けなくてよい。

ロ. 配管以外の冷媒設備について行う耐圧試験は、水その他の安全な液体を使用することが困難であると認められるときは、空気、窒素等の気体を使用して許容圧力の1.25倍以上の圧力で行うことができる。

ハ. 内容積が5000リットル以上の受液器並びにその支持構造物及び基礎は、所定の耐震に関する性能を有するものとしなければならない。

(1) イ (2) ハ (3) イ、ロ (4) ロ、ハ (5) イ、ロ、ハ

問題19 次のイ、ロ、ハの記述のうち、冷凍保安規則で定める第一種製造者の製造の方法に係る技術上の基準に適合しているものはどれか。

イ. 冷媒設備に設けた安全弁の修理及び清掃が終了した後、製造設備の運転を数日間停止するので、その間安全弁に付帯して設けた止め弁を閉止することとした。

ロ. 冷媒設備の修理は、あらかじめ定めた修理の作業計画に従って行ったが、あらかじめ定めた作業の責任者の監視の下で行うことができなかったので、異常があったときに直ちにその旨をその責任者に通報するための措置を講じて行った。

ハ. 高圧ガスの製造は、1日に1回以上その製造設備が属する製造施設の異常の有無を点検して行い、異常のあるときはその設備の補修その他の危険を防止する措置を講じて行っている。

(1) イ　(2) ハ　(3) イ、ロ　(4) ロ、ハ　(5) イ、ロ、ハ

問題20 次のイ、ロ、ハの記述のうち、認定指定設備について冷凍保安規則上正しいものはどれか。

イ. 認定指定設備の日常の運転操作に必要となる冷媒ガスの止め弁には、手動式のものを使用しなければならない。

ロ. 認定指定設備の冷媒設備は、その認定指定設備の製造業者の事業所において試運転を行い、使用場所に分割して搬入されるものでなければならない。

ハ. 認定指定設備に変更の工事を施したとき又は認定指定設備を移設したときは、指定設備認定証を返納しなければならない場合がある。

(1) イ　(2) ハ　(3) イ、ロ　(4) ロ、ハ　(5) イ、ロ、ハ

模擬問題 第1回 解答解説

《解答》

保安管理	
問題1	2
問題2	4
問題3	1
問題4	2
問題5	2
問題6	1
問題7	4
問題8	5
問題9	1
問題10	3
問題11	4
問題12	1
問題13	2
問題14	3
問題15	2

法令	
問題1	3
問題2	2
問題3	3
問題4	3
問題5	1
問題6	5
問題7	1
問題8	3
問題9	3
問題10	1
問題11	3
問題12	5
問題13	1
問題14	3
問題15	1
問題16	5
問題17	3
問題18	4
問題19	4
問題20	2

模擬問題 第1回 解答解説

保安管理

問題1　正解　(2)

イ．×：ブルドン管圧力計で指示される圧力は、**管外圧力**である大気圧と**管内圧力**である冷媒圧力の差であり、この圧力をゲージ圧力と呼ぶ。

ロ．○

ハ．○

ニ．×：必要な冷凍能力を得るための圧縮機の駆動軸動力が小さいほど、冷凍装置の性能が良い。この圧縮機の駆動軸動力あたりの冷凍能力の値が、**成績係数**である。

問題2　正解　(4)

イ．×：冷凍サイクルの蒸発器で、**冷媒が周囲から奪う熱量**のことを冷凍効果という。この冷凍効果の値は、同じ冷媒でも冷凍サイクルの運転条件によって変わる。

ロ．○

ハ．×：固体壁で隔てられた流体間で熱が移動するとき、固体壁両表面の熱伝達率と固体壁の熱伝導率に加えて**固体壁の厚さ**が与えられれば、水あかの付着を考慮しない場合の熱通過率の値を計算することができる。

ニ．○

問題3　正解　(1)

イ．○

ロ．×：蒸発温度と凝縮温度との温度差が大きくなると、断熱効率と機械効率が**小さく**なるとともに、冷凍装置の実際の成績係数は低下する。

ハ．○

ニ．×：圧縮機の吸込み圧力が低いほど、また、吸込み蒸気の過熱度が大きいほど、圧縮機の冷媒循環量および冷凍能力が**小さく**なる。

問題4　正解　(2)

イ．○

ロ．×：同じ体積で比べると、アンモニア冷媒液は冷凍機油よりも**軽く**、漏えいしたアンモニア冷媒ガスは空気よりも軽い。

ハ．○

ニ．×：塩化カルシウム濃度20%のブラインは、使用中に空気中の水分を凝縮させて取り込むと凍結温度が**上昇**する。

問題5　正解　(2)

イ．○

ロ．×：多気筒圧縮機では、アンローダと呼ばれる容量制御装置で**段階的に**容量を制御する。

ハ．×：ロータリー圧縮機は**容積式**に分類される。

ニ．○

問題6　正解　(1)

イ．○

ロ．○

ハ．×：空冷凝縮器は、空気の**顕熱**を用いて冷媒を凝縮させる凝縮器である。

ニ．×：凝縮器への不凝縮ガスの混入は、冷媒側の熱伝達の不良や凝縮圧力の**上昇**を招く。

問題7　正解　(4)

イ．○

ロ．×：蒸発器は、冷媒の供給方式により、乾式、満液式および冷媒液強制循環式などに分類される。シェル側に冷媒を供給し、冷却管内にブラインを流して冷却するシェルアンドチューブ蒸発器は**満液式**である。

ハ．○

ニ．○

問題8　正解　(5)

イ．×：膨張弁容量が蒸発器の容量に対して**大き過ぎる**場合、ハンチングを生じやすくなり、熱負荷の大きなときに冷媒流量が不足する。

ロ. ○

ハ. ○

ニ. ×：給油ポンプを内蔵した圧縮機は、運転中に定められた油圧を保持できなくなると油圧保護圧力スイッチが作動して、停止する。このスイッチは、一般的に**手動**復帰式である。

問題9 正解 (1)

イ. ○

ロ. ○

ハ. ×：油分離器は、圧縮機の**吐出し**蒸気配管に取り付け、冷媒液と冷凍機油を分離することにより、凝縮器や蒸発器の伝熱の低下を防ぐ。

ニ. ×：フルオロカーボン冷凍装置の冷媒系統に水分が存在すると、装置の各部に悪影響を及ぼすため、ドライヤを設ける。ドライヤの乾燥剤として水分を吸着して化学変化を**起こしにくい**シリカゲルやゼオライトなどが用いられる。

問題10 正解 (3)

イ. ×：圧縮機吸込み蒸気配管の二重立ち上がり管は、**圧縮機へ潤滑油を戻す**ために使用される。

ロ. ○

ハ. ×：配管用炭素鋼鋼管（SGP）は、**高圧**の配管には**使用されない**。

ニ. ○

問題11 正解 (4)

イ. ×：圧力容器に取り付ける安全弁の最小口径は、容器の外径、容器の長さおよび**冷媒の種類ごとに定められた定数**によって決まり、**冷媒の種類に依存する。**

ロ. ○

ハ. ×：高圧遮断装置は、安全弁噴出の前に圧縮機を停止させ、**高圧**側圧力の異常な上昇を防止するために取り付けられ、原則として手動復帰式である。

ニ．○

問題12　正解（1）

イ．○

ロ．×：一般の鋼材の低温脆性による破壊は、低温で切り欠きなどの欠陥があり、引張りまたはこれに似た応力がかかっている場合に、**衝撃**荷重が引き金になって**瞬間的に**発生する。

ハ．○

ニ．×：円筒胴の直径が**大きい**ほど、また、円筒胴の内側にかかっている内圧が高いほど、円筒胴の必要とする板厚は厚くなる。

問題13　正解（2）

イ．○

ロ．×：気密の性能を確かめるための気密試験は、内部に圧力のかかった状態で**つち打ちをしたりしてはならない**。この時に、溶接補修などの熱を加えてはいけない。

ハ．×：微量の漏れを嫌うフルオロカーボン冷凍装置の真空試験は、微量の漏れは発見できるが**漏れの箇所を特定することはできない**。

ニ．○

問題14　正解（3）

イ．×：圧縮機の吐出しガス圧力が高くなると、蒸発圧力が一定ならば、圧縮機の体積効率が低下し、圧縮機駆動の軸動力は増加して、装置の冷凍能力は**低下**する。

ロ．○

ハ．×：冷凍装置を長期間休止させる場合には、ポンプダウンして低圧側の冷媒を受液器に回収し、低圧側と圧縮機内を大気圧よりも**高い**圧力に保持しておく。

ニ．○

問題15　正解（2）

イ．○

ロ. ×：アンモニア冷凍装置の液封事故を防ぐため、液封が起こりそうな箇所には、安全弁を取り付ける。可燃性ガスで毒性ガスであるアンモニアの冷凍装置に**破裂板を取り付けてはならない**。

ハ. ○

ニ. ×：フルオロカーボン冷凍装置において、**冷凍機油の充填にも冷媒の充填にも、水分が混入しないように細心の注意が必要である**。

法令

問題1　正解　(3)

イ. ○

ロ. ○

ハ. ×：高圧ガス保安法は、高圧ガスによる災害を防止して公共の安全を確保する目的のために、民間事業者による高圧ガスの保安に関する自主的な活動を促進することともに、**高圧ガス保安協会による高圧ガスの保安に関する自主的な活動を促進することも定めている**。

問題2　正解　(2)

イ. ○

ロ. ○

ハ. ×：専ら冷凍設備に用いる機器の製造の事業を行う者（機器製造業者）が所定の技術上の基準に従って製造しなければならない機器は、**冷媒ガスの種類により**1日の冷凍能力が規定されている。

問題3　正解　(3)

イ. ○

ロ. ×：第一種製造者は、高圧ガスの製造を開始したときは、遅滞なく、その旨を都道府県知事等に届け出なければならない。また、高圧ガスの製造を廃止したときも、その旨を届け出る**必要がある**。

ハ. ○

問題4　正解　(3)

イ．○

ロ．×：アンモニアの充てん容器とともに**不活性ガスのフルオロカーボンの充てん容器**を車両に積載して貯蔵することは、特に定められた場合を除き**禁じられている。**

ハ．○

問題5　正解　(1)

イ．○

ロ．×：液化アンモニアとともに**液化フルオロカーボン（不活性のものに限る。）**を移動するときにも、転落、転倒等による衝撃及びバルブの損傷を防止する措置を講じ、かつ、粗暴な取扱いをしてはならない。

ハ．×：高圧ガスを移動する車両の見やすい箇所に警戒標を掲げなければならない高圧ガスは、可燃性ガス及び毒性ガスの種類に**限られていない。**

問題6　正解　(5)

イ．○

ロ．○

ハ．○

問題7　正解　(1)

イ．○

ロ．×：圧縮機の標準回転速度における1時間のピストン押しのけ量の数値（V）は、**往復動式**圧縮機を使用する製造設備の1日の冷凍能力の算定に必要な数値の一つである。

ハ．×：冷媒設備内の冷媒ガスの充塡量の数値（W）は、往復動式圧縮機を使用する製造設備の1日の冷凍能力の算定に必要な数値に**該当しない。**

問題8　正解　(3)

イ．○

ロ．○

ハ．×：規定された要件に該当する第二種製造者は、冷凍保安責任者を**選任し**

なくてはならない。

問題9 正解 (3)

イ. ○

ロ. ○

ハ. ×：選任している冷凍保安責任者を解任し、新たな者を選任したときは、遅滞なく、その旨を都道府県知事等に届け出なければならない。また、冷凍保安責任者の代理者を解任及び選任したときにも届け出る**必要がある。**

問題10 正解 (1)

イ. ○

ロ. ×：特定施設について、高圧ガス保安協会が行う保安検査を受けた場合には、保安検査を受けた旨を都道府県知事等に届け出るべき旨、**定められている。**

ハ. ×：保安検査は、特定施設の位置、構造及び設備が所定の技術上の基準に適合しているかどうかについて行われる。高圧ガスの**製造の方法**は保安検査の項目に**該当しない。**

問題11 正解 (3)

イ. ○

ロ. ×：定期自主検査は、**1年に1回以上**行うことと定められている。

ハ. ○

問題12 正解 (5)

イ. ○

ロ. ○

ハ. ○

問題13 正解 (1)

イ. ○

ロ. ×：事業所ごとに帳簿を備え、その製造施設に異常があった場合、異常があった年月日及びそれに対してとった措置をその帳簿に記載し、**記載の日**から10年間保存しなければならない。

ハ. ×：その占有する液化アンモニアの充塡容器を盗まれたときは、遅滞なく、その旨を都道府県知事等又は警察官に届け出なければならない。また、残ガス容器を喪失したときにも、その**必要がある**。

問題14 正解 (3)

イ. ○

ロ. ×：製造施設の特定変更工事の完成後、高圧ガス保安協会が行う完成検査を受け所定の技術上の基準に適合していると認められた場合は、その旨を都道府県知事等に**届け出なければ、その施設を使用することはできない**。

ハ. ○

問題15 正解 (1)

イ. ○

ロ. ×：製造設備が専用機械室に設置され、かつ、その室を運転中強制換気できる構造とした場合でも、冷媒設備の安全弁に設けた放出管の開口部の位置は**適切な位置である旨の規定が適用される**。

ハ. ×：受液器に丸形ガラス管液面計以外のガラス管液面計を設ける場合には、その液面計の**破損を防止するための措置**を講じ、**かつ**、受液器とガラス管液面計とを接続する配管にその液面計の破損による**漏えいを防止するための措置**を講じる必要がある。

問題16 正解 (5)

イ. ○

ロ. ○

ハ. ○

問題17 正解 (3)

イ. ○

ロ. ×：製造設備に設けたバルブ又はコックが操作ボタン等により開閉される

ものであっても、作業員がその操作ボタン等を適切に操作することができるような措置を**講じなければならない**。

ハ. ○

問題18 正解 (4)

イ. ×：冷媒設備の圧縮機が強制潤滑方式であり、かつ、潤滑油圧力に対する保護装置を有しているものである場合でも、その冷媒設備には圧力計を**設けなければならない**。

ロ. ○

ハ. ○

問題19 正解 (4)

イ. ×：冷媒設備に設けた安全弁の修理及び清掃が終了した後、製造設備の運転を数日間停止する場合でも、その間安全弁に付帯して設けた止め弁を**全開にしておかなければならない**。

ロ. ○

ハ. ○

問題20 正解 (2)

イ. ×：認定指定設備の日常の運転操作に必要となる冷媒ガスの止め弁には、手動式のものを**使用しないこと**と規定されている。

ロ. ×：認定指定設備の冷媒設備は、その認定指定設備の製造業者の事業所において試運転を行い、使用場所に**分割されず**に搬入されるものでなければならない。

ハ. ○

➔ 模擬問題 第2回

保安管理

制限時間：90分

問題1 次のイ、ロ、ハ、ニの記述のうち、冷凍の原理などについて正しいものはどれか。

イ. 冷凍装置の冷凍能力は、凝縮器の凝縮負荷よりも大きい。
ロ. 冷凍装置内の冷媒圧力は、一般にブルドン管圧力計などで計測する。この指示圧力は、冷媒圧力と大気圧との差圧で、ゲージ圧力と呼ぶ。
ハ. 圧縮機で圧縮された冷媒ガスを、空気や冷却水などで冷却して、液化させる装置が凝縮器である。
ニ. 理論ヒートポンプサイクルの成績係数に比べて、理論冷凍サイクルの成績係数は1だけ大きい。

(1) イ、ロ　(2) イ、ハ　(3) ロ、ハ　(4) ロ、ニ　(5) ハ、ニ

問題2 次のイ、ロ、ハ、ニの記述のうち、冷凍サイクルおよび熱の移動について正しいものはどれか。

イ. 冷凍サイクルの成績係数は、冷凍サイクルの運転条件によって変わる。蒸発圧力だけが低くなっても、あるいは凝縮圧力だけが高くなっても、成績係数が小さくなる。
ロ. 理論断熱圧縮動力は、冷媒循環量に断熱圧縮前後の冷媒の比エンタルピー差を乗じたものである。
ハ. 常温、常圧において、鉄鋼、空気、グラスウールのなかで、熱伝導率の値が一番小さいのはグラスウールである。
ニ. 固体壁表面での熱伝達による単位時間当たりの伝熱量は、伝熱面積、熱伝達率に正比例し、固体壁面と流体との温度差に反比例する。

(1) イ、ロ　(2) イ、ニ　(3) ロ、ハ　(4) ロ、ニ　(5) ハ、ニ

問題3 次のイ、ロ、ハ、ニの記述のうち、圧縮機の性能、軸動力などについて正しいものはどれか。

イ．冷凍装置の実際の成績係数は、理論冷凍サイクルの成績係数に断熱効率、機械効率、体積効率を乗じて求められる。
ロ．実際の圧縮機の駆動軸動力は、理論断熱圧縮動力と断熱効率により決まる。
ハ．往復圧縮機の断熱効率は、一般に、圧力比が大きくなると小さくなる。
ニ．圧縮機の実際の冷媒吸込み蒸気量は、ピストン押しのけ量と圧縮機の体積効率の積で求められる。

(1) イ、ロ　(2) ロ、ハ　(3) ハ、ニ　(4) イ、ロ、ニ
(5) イ、ハ、ニ

問題4 次のイ、ロ、ハ、ニの記述のうち、冷媒およびブラインについて正しいものはどれか。

イ．R290、R717、R744は、自然冷媒と呼ばれることがある。
ロ．臨界点は、気体と液体の区別がなくなる状態点である。この臨界点は飽和圧力曲線の終点として表される。臨界点における温度および圧力を臨界温度および臨界圧力という。
ハ．塩化カルシウムブラインの凍結温度は、濃度が0mass%から共晶点の濃度までは塩化カルシウム濃度の増加に伴って低下し、最低の凍結温度は－40℃である。
ニ．二酸化炭素は、アンモニア冷凍機などと組み合わせた冷凍茜冷却装置の二次冷媒（ブライン）としても使われている。

(1) イ、ハ　(2) イ、ニ　(3) ロ、ハ　(4) イ、ロ、ニ
(5) ロ、ハ、ニ

問題5 次のイ、ロ、ハ、ニの記述のうち、圧縮機について正しいものはどれか。

イ. 圧縮機は、冷媒蒸気の圧縮の方法により、往復式、スクリュー式およびスクロール式に大別される。

ロ. 多気筒圧縮機のアンローダと呼ばれる容量制御装置は、圧縮機始動時の負荷軽減装置としても機能する。

ハ. スクリュー圧縮機の容量制御をスライド弁で行う場合、スクリューの溝の数に応じた段階的な容量制御となり、無段階制御はできない。

ニ. 停止中のフルオロカーボン用圧縮機クランクケース内の油温が低いと、冷凍機油に冷媒が溶け込む溶解量は大きくなり、圧縮機始動時にオイルフォーミングを起こしやすい。

(1) イ、ロ　(2) イ、ハ　(3) ロ、ハ　(4) ロ、ニ
(5) イ、ハ、ニ

問題6 次のイ、ロ、ハ、ニの記述のうち、凝縮器および冷却塔について正しいものはどれか。

イ. シェルアンドチューブ凝縮器は、円筒胴と管板に固定された冷却管で構成され、円筒胴の内側と冷却管の間に圧縮機吐出しガスが流れ、冷却管内には冷却水が流れる。

ロ. 二重管凝縮器は、冷却水を内管と外管との間に通し、内管内で圧縮機吐出しガスを凝縮させる。

ハ. 冷却塔の運転性能は、水温、水量、風量および湿球温度によって定まる。また、冷却塔の出入口の冷却水の温度差は、クーリングレンジといい、その値はほぼ5K程度である。

ニ. 蒸発式凝縮器は、空冷凝縮器と比較して凝縮温度が高く、主としてアンモニア冷凍装置に使われている。

(1) イ、ロ　(2) イ、ハ　(3) ロ、ハ　(4) ロ、ニ
(5) イ、ハ、ニ

問題7 次のイ、ロ、ハ、ニの記述のうち、蒸発器などについて正しいものはどれか。

イ. 蒸発器は冷媒の供給方式により乾式蒸発器、満液式蒸発器および冷媒液強制循環式蒸発器に分類される。冷媒液強制循環式蒸発器は大規模の冷蔵庫などに用いられ、乾式蒸発器に比較して冷媒の充てん量が多くなる。

ロ. フルオロカーボン冷媒の場合、満液式蒸発器では油戻し装置が必要になるが、乾式蒸発器では冷却管内で分離された油は冷媒蒸気とともに圧縮機に吸い込ませるようにする。

ハ. 冷媒液強制循環式蒸発器の冷媒液ポンプは高圧受液器の液面より低く、低圧受液器の液面より高い位置に置き、低圧受液器からの飽和状態の冷媒液がポンプ入口までに気化することを防ぐ。

ニ. ホットガス除霜方式は圧縮機からの高温の冷媒ガスの顕熱のみによって除霜を行い、氷がたい積しないようにドレンパンおよび排水管をヒータなどで加熱する。

(1) イ、ロ　(2) イ、ハ　(3) ロ、ハ　(4) ロ、ニ　(5) ハ、ニ

問題8 次のイ、ロ、ハ、ニの記述のうち、自動制御機器について正しいものはどれか。

イ. 温度自動膨張弁は、蒸発器出口冷媒蒸気の過熱度が一定になるように、冷媒流量を調節する。

ロ. 温度自動膨張弁の感温筒が外れると、膨張弁が閉じて、蒸発器出口冷媒蒸気の過熱度が高くなり、冷凍能力が小さくなる。

ハ. キャピラリチューブは、冷媒の流動抵抗による圧力降下を利用して冷媒の絞り膨張を行うとともに、冷媒の流量を制御し、蒸発器出口冷媒蒸気の過熱度の制御を行う。

ニ. 断水リレーとして使用されるフロースイッチは、水の流れを直接検出する機構をもってい る。

(1) イ、ハ　(2) イ、ニ　(3) ロ、ハ　(4) ロ、ニ　(5) ハ、ニ

問題9 次のイ、ロ、ハ、ニの記述のうち、附属機器について正しいものはどれか。

イ. 低圧受液器は、冷媒液強制循環式冷凍装置において、冷凍負荷が変動しても液ポンプが蒸気を吸い込まないように、液面レベル確保と液面位置の制御を行う。

ロ. 油分離器にはいくつかの種類があるが、そのうちの一つに、大きな容器内にガスを入れることによりガス速度を大きくし、油滴を重力で落下させて分離するものがある。

ハ. アンモニア冷凍装置では、圧縮機の吸込み蒸気過熱度の増大にともなう吐出しガス温度の上昇が著しいので、液ガス熱交換器は使用しない。

ニ. サイトグラスは、のぞきガラスとその内側のモイスチャーインジケータからなる。のぞきガラスのないモイスチャーインジケータだけのものもある。

(1) イ、ハ　(2) イ、ニ　(3) ロ、ハ　(4) ロ、ニ
(5) イ、ロ、ハ

問題10 次のイ、ロ、ハ、ニの記述のうち、冷媒配管について正しいものはどれか。

イ. 冷媒配管に使用する材料には、冷媒と冷凍機油の化学的作用によって劣化しないものを使用する。

ロ. 圧縮機吐出しガス配管の施工上の大切なことは、圧縮機の停止中に配管内で凝縮した液や油が逆流しないようにすることである。

ハ. 高圧液配管に立ち上がり部があると、その高さによらずにフラッシュガスが発生する。

ニ. 吸込み蒸気配管には、管表面の結露あるいは着霜を防止し、吸込み蒸気の温度上昇を防ぐために防熱を施す。

(1) イ、ロ　(2) イ、ハ　(3) ハ、ニ　(4) イ、ロ、ニ
(5) ロ、ハ、ニ

問題11 次のイ、ロ、ハ、ニの記述のうち、安全装置について正しいものはどれか。

イ. 圧力容器などに取り付ける安全弁には、修理等のために止め弁を設ける。修理等のとき以外は、この止め弁を常に閉じておかなければならない。
ロ. 破裂板は、構造が簡単であるために、容易に大口径のものを製作できるが、比較的高い圧力の装置や可燃性または毒性を有する冷媒を使用した装置には使用しない。
ハ. 圧縮機に取り付けるべき安全弁の最小口径は、ピストン押しのけ量の平方根に反比例する。
ニ. 液封による事故は、低圧液配管で発生することが多く、弁操作ミスなどが原因になることが多い。

(1) イ、ロ　(2) イ、ニ　(3) ロ、ハ　(4) ロ、ニ　(5) ハ、ニ

問題12 次のイ、ロ、ハ、ニの記述のうち、圧力容器などについて正しいものはどれか。

イ. 圧力容器の鏡板の板厚は、同じ設計圧力で、同じ材質では、さら形よりも半球形を用いたほうが薄くできる。
ロ. 円筒胴の圧力容器の胴板に生じる応力は、円筒胴の接線方向に作用する応力と長手方向に作用する応力を考えればよい。円筒胴の接線方向の引張応力は、長手方向の引張応力よりも大きい。
ハ. 圧力容器の腐れしろは、材料の種類により異なり、鋼、銅および銅合金は1mmとする。また、ステンレス鋼には腐れしろを設ける必要がない。
ニ. 圧力容器の強度や保安に関する圧力は、設計圧力、許容圧力ともに絶対圧力を使用する。

(1) イ、ロ　(2) イ、ハ　(3) イ、ニ　(4) ロ、ハ　(5) ロ、ニ

問題13 次のイ、ロ、ハ、ニの記述のうち、冷凍装置の据付け、圧力試験および試運転について正しいものはどれか。

イ. 圧縮機を防振支持し、吸込み蒸気配管に可とう管（フレキシブルチューブ）を用いる場合、可とう管表面が氷結し破損するおそれのあるときは、可とう管をゴムで被覆することがある。
ロ. 気密試験は、気密の性能を確かめるための試験であり、漏れを確認しやすいように、ガス圧で試験を行う。
ハ. 真空試験は、気密試験の後に行い、微少な漏れの確認および装置内の水分と油分の除去を目的に行われる。
ニ. 真空乾燥の後に水分が混入しないように配慮しながら冷凍装置に冷凍機油と冷媒を充てんし、電力、制御系統、冷却水系統などを十分に点検してから始動試験を行う。

(1) イ、ロ　(2) イ、ハ　(3) ロ、ハ　(4) ハ、ニ
(5) イ、ロ、ニ

問題14 次のイ、ロ、ハ、ニの記述のうち、冷凍装置の運転管理について正しいものはどれか。

イ. 毎日運転する冷凍装置の運転開始前の準備では、配管中にある電磁弁の作動、操作回路の絶縁低下、電動機の始動状態の確認を省略できる場合がある。
ロ. 蒸発圧力が一定のもとで、圧縮機の吐出しガス圧力が高くなると、圧力比は大きくなり、圧縮機の体積効率が増大し、圧縮機駆動の軸動力は増加する。
ハ. 冷凍装置を長期間休止させる場合には、低圧側の冷媒を受液器に回収するが、装置内への空気の侵入を防ぐために、低圧側と圧縮機内に大気圧より高いガス圧力を残しておく。
ニ. 水冷凝縮器の冷却水量が減少すると、凝縮圧力の低下、圧縮機吐出しガス温度の上昇、冷凍装置の冷凍能力の低下が起こる。

(1) イ、ロ　(2) イ、ハ　(3) ロ、ハ　(4) ロ、ニ　(5) ハ、ニ

問題15 次のイ、ロ、ハ、ニの記述のうち、冷凍装置の保守管理について正しいものはどれか。

イ．冷媒充てん量が大きく不足していると、圧縮機の吸込み蒸気の過熱度が大きくなり、圧縮機吐出しガスの圧力と温度がともに上昇する。
ロ．圧縮機が過熱運転となると、冷凍機油の温度が上昇し、冷凍機油の粘度が下がるため、油膜切れを起こすおそれがある。
ハ．冷凍負荷が急激に増大すると、蒸発器での冷媒の沸騰が激しくなり、蒸気とともに液滴が圧縮機に吸い込まれ、液戻り運転となることがある。
ニ．不凝縮ガスが冷凍装置内に存在すると、圧縮機吐出しガスの圧力と温度がともに上昇する。

(1) イ、ロ　(2) イ、ニ　(3) ロ、ハ　(4) イ、ハ、ニ
(5) ロ、ハ、ニ

法令

制限時間：60分

問題1 次のイ、ロ、ハの記述のうち、正しいものはどれか。

イ．高圧ガス保安法は、高圧ガスによる災害を防止して公共の安全を確保する目的のために、民間事業者及び高圧ガス保安協会による高圧ガスの保安に関する自主的な活動を促進することも定めている。
ロ．常用の温度において圧力が1メガパスカル以上となる圧縮ガス（圧縮アセチレンガスを除く。）であって、現にその圧力が1メガパスカル以上であるものは、高圧ガスである。
ハ．圧力が0.2メガパスカルとなる場合の温度が30度である液化ガスであって、常用の温度において圧力が0.1メガパスカルであるものは、高圧ガスではない。

(1) イ　(2) ハ　(3) イ、ロ　(4) ロ、ハ　(5) イ、ロ、ハ

問題2 次のイ、ロ、ハの記述のうち、正しいものはどれか。

イ．冷凍のための設備を使用して高圧ガスの製造をしようとする者が、都道府県知事等の許可を受けなければならない場合の1日の冷凍能力の最小の値は、冷媒ガスである高圧ガスの種類に関係なく同じである。

ロ．1日の冷凍能力が3トン未満の冷凍設備内における高圧ガスは、そのガスの種類にかかわらず、高圧ガス保安法の適用を受けない。

ハ．専ら冷凍設備に用いる機器の製造の事業を行う者（機器製造業者）が、1日の冷凍能力が 10トンの冷凍機を製造するときは、所定の技術上の基準に従ってその機器の製造をしなければならない。

（1）ロ　（2）ハ　（3）イ、ハ　（4）ロ、ハ　（5）イ、ロ、ハ

問題3 次のイ、ロ、ハの記述のうち、正しいものはどれか。

イ．第一種製造者は、その製造をする高圧ガスの種類を変更したときは、遅滞なく、その旨を都道府県知事等に届け出なければならない。

ロ．冷凍のための製造施設の冷媒設備内の高圧ガスであるアンモニアを廃棄するときには、冷凍保安規則で定める高圧ガスの廃棄に係る技術上の基準は適用されない。

ハ．第一種製造者の合併によりその地位を承継した者は、遅滞なく、その事実を証する書面を添えて、その旨を都道府県知事等に届け出なければならない。

（1）イ　（2）ロ　（3）ハ　（4）イ、ハ　（5）イ、ロ、ハ

問題4 次のイ、ロ、ハの記述のうち、冷凍に係る製造事業所における冷媒ガスの補充用としての容器による高圧ガス（質量が1.5キログラムを超えるもの）の貯蔵の方法に係る技術上の基準について一般高圧ガス保安規則上正しいものはどれか。

イ．一般高圧ガス保安規則に定められている高圧ガスの貯蔵の方法に係る技術上の基準に従うべき高圧ガスは、可燃性ガス及び毒性ガスの2種類に限られている。

ロ．液化アンモニアの充塡容器及び残ガス容器の貯蔵は、通風の良い場所で行わなければならない。

ハ．内容積が5リットルを超える充塡容器及び残ガス容器には、転落、転倒等による衝撃及びバルブの損傷を防止する措置を講じ、かつ、粗暴な取扱いをしてはならない。

（1）イ　（2）ハ　（3）イ、ロ　（4）ロ、ハ　（5）イ、ロ、ハ

問題5 次のイ、ロ、ハの記述のうち、車両に積載した容器（内容積が48リットルのもの）による冷凍設備の冷媒ガスの補充用の高圧ガスの移動に係る技術上の基準等について、一般高圧ガス保安規則上正しいものはどれか。

イ．アンモニアを移動するとき、その容器が残ガス容器である場合には、防毒マスク、手袋その他の保護具を携行する必要はない。

ロ．アンモニアを移動するときは、その高圧ガスの名称、性状及び移動中の災害防止のために必要な注意事項を記載した書面を運転者に交付し、移動中携帯させ、これを遵守させなければならない。

ハ．フルオロカーボンを移動するときは、充てん容器及び残ガス容器には、転落、転倒等による衝撃及びバルブの損傷を防止する措置を講じ、かつ、粗暴な取扱いをしてはならない。

（1）イ　（2）ロ　（3）イ、ハ　（4）ロ、ハ　（5）イ、ロ、ハ

問題6 次のイ、ロ、ハの記述のうち、冷凍設備の冷媒ガスの補充用の高圧ガスを充塡するための容器（再充塡禁止容器を除く。）について正しいものはどれか。

イ．容器検査に合格した容器に刻印等すべき事項の一つに、充塡すべき高圧ガスの種類がある。

ロ．容器の外面の塗色は高圧ガスの種類に応じて定められており、液化アンモニアの容器の場合は、ねずみ色である.

ハ．液化アンモニアを充塡する容器にすべき表示の一つに、その容器の外面にそのガスの性質を示す文字の明示があるが、その文字として「毒」のみの明示が定められている。

（1）イ　（2）ロ　（3）ハ　（4）イ、ロ　（5）イ、ハ

問題7 次のイ、ロ、ハの記述のうち、冷凍能力の算定基準について冷凍保安規則上正しいものはどれか。

イ．圧縮機の原動機の定格出力の数値は、遠心式圧縮機を使用する製造設備の1日の冷凍能力の算定に必要な数値の一つである。

ロ．冷媒ガスの種類に応じて定められた数値（C）は、冷媒ガスの圧縮機（遠心式圧縮機以外のもの）を使用する製造設備の1日の冷凍能力の算定に必要な数値の一つである。

ハ．発生器を加熱する1時間の入熱量の数値は、冷媒ガスの圧縮機（遠心式圧縮機以外のもの）を使用する製造設備の1日の冷凍能力の算定に必要な数値の一つである。

（1）イ　（2）イ、ロ　（3）イ、ハ　（4）ロ、ハ　（5）イ、ロ、ハ

問題8 次のイ、ロ、ハの記述のうち、冷凍のため高圧ガスの製造をする第二種製造者について正しいものはどれか。

イ．不活性のフルオロカーボンを冷媒ガスとする1日の冷凍能力が30トンの設備のみを使用して高圧ガスの製造をしようとする者は、第二種製造者である。

ロ．製造設備の変更の工事を完成したときは、酸素以外のガスを使用する試運転又は所定の気密試験を行った後でなければ高圧ガスの製造をしてはならない。

ハ．第二種製造者であっても、冷凍保安責任者及びその代理者を選任する必要のない場合がある。

(1) イ　(2) ロ　(3) イ、ロ　(4) ロ、ハ　(5) イ、ロ、ハ

問題9 次のイ、ロ、ハの記述のうち、冷凍保安責任者を選任しなければならない事業所における冷凍保安責任者及びその代理者について正しいものはどれか。

イ．1日の冷凍能力が100トンである製造施設の冷凍保安責任者には、第三種冷凍機械責任者免状の交付を受け、かつ、高圧ガスの製造に関する所定の経験を有する者を選任することができる。

ロ．高圧ガスの製造に従事する者は、冷凍保安責任者が高圧ガス保安法若しくは高圧ガス保安法に基づく命令又は危害予防規程の実施を確保するためにする指示に従わなければならない。

ハ．冷凍保安責任者が旅行などのためその職務を行うことができない場合、あらかじめ選任した冷凍保安責任者の代理者にその職務を代行させなければならない。

(1) イ　(2) ハ　(3) イ、ロ　(4) ロ、ハ　(5) イ、ロ、ハ

問題10 次のイ、ロ、ハの記述のうち、冷凍のため高圧ガスの製造をする第一種製造者（認定保安検査実施者である者を除く。）が受ける保安検査について正しいものはどれか。

イ. 保安検査の実施を監督することは、冷凍保安責任者の職務の一つとして定められている。
ロ. 製造施設のうち認定指定設備である部分は、保安検査を受けなくてよい。
ハ. 特定施設について、定期に、都道府県知事等、高圧ガス保安協会又は指定保安検査機関が行う保安検査を受けなければならない。

(1) ハ　(2) イ、ロ　(3) イ、ハ　(4) ロ、ハ　(5) イ、ロ、ハ

問題11 次のイ、ロ、ハの記述のうち、冷凍のため高圧ガスの製造をする第一種製造者（冷凍保安責任者を選任しなければならない者に限る。）が行う定期自主検査について正しいものはどれか。

イ. 定期自主検査は、製造施設の位置、構造及び設備が技術上の基準（耐圧試験に係るものを除く。）に適合しているかどうかについて行わなければならない。
ロ. 定期自主検査は、製造施設について1年に1回以上行わなければならない。
ハ. 定期自主検査の検査記録に記載すべき事項の一つに、検査の実施について監督を行った者の氏名がある。

(1) イ　(2) ロ　(3) イ、ハ　(4) ロ、ハ　(5) イ、ロ、ハ

問題12 次のイ、ロ、ハの記述のうち、冷凍のため高圧ガスの製造をする第一種製造者が定めるべき危害予防規程及び保安教育計画について正しいものはどれか。

イ. 危害予防規程に記載しなければならない事項の一つに、製造施設の保安に係る巡視及び点検に関することがある。

ロ. 保安教育計画は、その計画及びその実行の結果を都道府県知事等に届け出なければならない。

ハ. 危害予防規程は、公共の安全の維持又は災害の発生の防止のため必要があると認められるときは、都道府県知事等からその規程の変更を命じられることがある。

(1) イ　(2) ロ　(3) イ、ハ　(4) ロ、ハ　(5) イ、ロ、ハ

問題13 次のイ、ロ、ハの記述のうち、冷凍のため高圧ガスの製造をする第一種製造者について正しいものはどれか。

イ. その従業者に対する保安教育計画を定め、これを忠実に実行しなければならないが、その計画を都道府県知事等に届け出る必要はない。

ロ. その所有又は占有する製造施設が危険な状態となったときは、直ちに、応急の措置を行わなければならないが、その措置を講じることができないときは、従業者又は必要に応じ付近の住民に退避するよう警告しなければならない。

ハ. その所有する高圧ガスについて災害が発生したときは、遅滞なく、その旨を都道府県知事等又は警察官に届け出なければならないが、占有する容器を盗まれたときは、その届出の必要はない。

(1) イ　(2) ロ　(3) イ、ロ　(4) ロ、ハ　(5) イ、ロ、ハ

問題14 次のイ、ロ、ハの記述のうち、冷凍のため高圧ガスの製造をする第一種製造者（認定完成検査実施者である者を除く。）が行う製造施設の変更の工事について正しいものはどれか。

イ. 特定不活性ガスであるフルオロカーボン32を冷媒ガスとする冷媒設備の圧縮機の取替えの工事は、冷媒設備に係る切断、溶接を伴わない工事であって、その設備の冷凍能力の変更を伴わないものであっても、定められた軽微な変更の工事には該当しない。

ロ. 製造施設の特定変更工事が完成した後、高圧ガス保安協会が行う完成検査を受け、これが所定の技術上の基準に適合していると認められ、その旨を都道府県知事等に届け出た場合は、都道府県知事等が行う完成検査を受けなくてよい。

ハ. 冷媒設備に係る切断、溶接を伴う凝縮器の取替えの工事を行うときは、あらかじめ、都道府県知事等の許可を受け、その完成後は、所定の完成検査を受け、これが技術上の基準に適合していると認められた後でなければその施設を使用してはならない。

（1）ハ　（2）イ、ロ　（3）イ、ハ　（4）ロ、ハ　（5）イ、ロ、ハ

問題15 次のイ、ロ、ハの記述のうち、製造設備がアンモニアを冷媒ガスとする定置式製造設備（吸収式アンモニア冷凍機であるものを除く。）である第一種製造者の製造施設に係る技術上の基準について冷凍保安規則上正しいものはどれか。

イ. 圧縮機、油分離器、受液器又はこれらの間の配管を設置する室は、冷媒ガスであるアンモニアが漏えいしたとき滞留しないような構造としなければならないが、凝縮器を設置する室については定められていない。

ロ. 製造設備が専用機械室に設置され、かつ、その室に運転中常時強制換気できる装置を設けている場合であっても、製造施設から漏えいしたガスが滞留するおそれのある場所には、そのガスの漏えいを検知し、かつ、警報するための設備を設けなければならない。

ハ. 受液器にガラス管液面計を設ける場合には、丸形ガラス管液面計以外のも

のとし、その液面計に破損を防止するための措置か、受液器とその液面計とを接続する配管にその液面計の破損による漏えいを防止するための措置のいずれか一方の措置を講じることと定められている。

(1) イ　(2) ロ　(3) ハ　(4) イ、ロ　(5) ロ、ハ

問題16 次のイ、ロ、ハの記述のうち、製造設備がアンモニアを冷媒ガスとする定置式製造設備（吸収式アンモニア冷凍機であるものを除く。）である第一種製造者の製造施設に係る技術上の基準について冷凍保安規則上正しいものはどれか。

イ. 製造施設には、その施設から漏えいするガスが滞留するおそれのある場所に、そのガスの漏えいを検知し、かつ、警報するための設備を設けなければならない。

ロ. 受液器に設ける液面計には、丸形ガラス管液面計を使用してはならない。

ハ. 受液器には、その周囲に、冷媒ガスである液状のアンモニアが漏えいした場合にその流出を防止するための措置を講じなければならないものがあるが、その受液器の内容積が1万リットルであるものは、それに該当しない。

(1) イ　(2) ロ　(3) イ、ロ　(4) イ、ハ　(5) イ、ロ、ハ

問題17 次のイ、ロ、ハの記述のうち、製造設備が定置式製造設備である第一種製造者の製造施設に係る技術上の基準について冷凍保安規則上正しいものはどれか。

イ. 圧縮機、油分離器、凝縮器及び受液器並びにこれらの間の配管が火気（その製造設備内のものを除く。）の付近にあってはならない旨の定めは、不活性ガスを冷媒ガスとする製造施設にも適用される。

ロ. 内容積が5000リットル以上である受液器並びにその支持構造物及び基礎を所定の耐震設計の基準により地震の影響に対して安全な構造としなければならない旨の定めは、不活性ガスを冷媒ガスとする受液器にも適用される。

ハ. 冷媒設備が、所定の気密試験及び配管以外の部分について所定の耐圧試験又は経済産業大臣がこれらと同等以上のものと認めた高圧ガス保安協会が行う試験に合格するものでなければならない旨の定めは、不活性ガスを冷媒ガスとする製造施設にも適用される。

(1) イ　(2) ロ　(3) イ、ハ　(4) ロ、ハ　(5) イ、ロ、ハ

問題18 次のイ、ロ、ハの記述のうち、製造設備が定置式製造設備である第一種製造者の製造施設に係る技術上の基準について冷凍保安規則上正しいものはどれか。

イ. 冷媒設備の圧縮機が強制潤滑方式であり、かつ、潤滑油圧力に対する保護装置を有している場合であっても、その圧縮機の油圧系統を除く冷媒設備には圧力計を設けなければならない。

ロ. 冷媒設備に自動制御装置を設ければ、その冷媒設備にはその設備内の冷媒ガスの圧力が許容圧力を超えた場合に直ちに許容圧力以下に戻すことができる安全装置を設ける必要はない。

ハ. 製造設備に設けたバルブ（自動制御で開閉されるものを除く。）は、凝縮器の直近に取り付けたバルブに、作業員がそのバルブを適切に操作することができるような措置を講じていれば、他のバルブにはその措置を講じる必要はない。

(1) イ　(2) ロ　(3) ハ　(4) イ、ロ　(5) ロ、ハ

問題19 次のイ、ロ、ハの記述のうち、第一種製造者の製造の方法に係る技術上の基準について冷凍保安規則上正しいものはどれか。

イ．冷媒設備の修理が終了したときは、その冷媒設備が正常に作動することを確認した後でなければ高圧ガスの製造をしてはならない。

ロ．冷媒設備の安全弁に付帯して設けた止め弁は、その安全弁の修理又は清掃のため特に必要な場合を除き、常に全開しておかなければならない。

ハ．高圧ガスの製造は、1日に1回以上その製造設備が属する製造施設の異常の有無を点検して行わなければならないが、自動制御装置を設けて自動運転を行っている製造設備にあっては、1か月に1回の点検とすることができる。

(1) イ　(2) イ、ロ　(3) イ、ハ　(4) ロ、ハ　(5) イ、ロ、ハ

問題20 次のイ、ロ、ハの記述のうち、認定指定設備について冷凍保安規則上正しいものはどれか。

イ．認定指定設備である条件の一つに、自動制御装置が設けられていなければならないことがある。

ロ．認定指定設備である条件の一つに、日常の運転操作に必要となる冷媒ガスの止め弁には手動式のものを使用しないことがある。

ハ．認定指定設備に変更の工事を施すと、指定設備認定証が無効になる場合がある。

(1) イ　(2) ハ　(3) イ、ロ　(4) ロ、ハ　(5) イ、ロ、ハ

模擬問題 第2回 解答解説

《解答》

保安管理	
問題1	3
問題2	1
問題3	3
問題4	4
問題5	4
問題6	2
問題7	1
問題8	2
問題9	1
問題10	4
問題11	4
問題12	1
問題13	5
問題14	2
問題15	5

法令	
問題1	3
問題2	4
問題3	3
問題4	4
問題5	4
問題6	1
問題7	2
問題8	5
問題9	4
問題10	4
問題11	5
問題12	3
問題13	3
問題14	4
問題15	2
問題16	3
問題17	5
問題18	1
問題19	2
問題20	5

模擬問題 第2回 解答解説

保安管理

問題1　正解　(3)

イ．×：冷凍装置の冷凍能力は、凝縮器の凝縮負荷よりも**小さい。**

ロ．○

ハ．○

ニ．×：理論ヒートポンプサイクルの成績係数に比べて、理論冷凍サイクルの成績係数は1だけ**小さい。**

問題2　正解　(1)

イ．○

ロ．○

ハ．×：常温、常圧において、鉄鋼、空気、グラスウールのなかで、熱伝導率の値が一番小さいのは**空気**である。

ニ．×：固体壁表面での熱伝達による単位時間当たりの伝熱量は、伝熱面積、熱伝達率に正比例し、固体壁面と流体との温度差にも**正比例**する。

問題3　正解　(3)

イ．×：冷凍装置の実際の成績係数は、理論冷凍サイクルの成績係数に**断熱効率と機械効率**を乗じて求められる。

ロ．×：実際の圧縮機の駆動軸動力は、理論断熱圧縮動力と断熱効率、**機械効率**により決まる。

ハ．○

ニ．○

問題4　正解　(4)

イ．○

ロ．○

ハ．×：塩化カルシウムブラインの凍結温度は、濃度が0mass%から共晶点の濃度までは塩化カルシウム濃度の増加に伴って低下し、最低の凍結温度は**−55℃**である。

ニ. ○

問題5 正解 (4)

イ. ×：圧縮機は、冷媒蒸気の圧縮の方法により、**容積式と遠心式**に大別される。

ロ. ○

ハ. ×：スクリュー圧縮機の容量制御をスライド弁で行う場合、**無段階制御が可能**である。

ニ. ○

問題6 正解 (2)

イ. ○

ロ. 二重管凝縮器は、**冷媒**を内管と外管との間に通し、**内管と外管との間**で圧縮機吐出しガスを凝縮させる。

ハ. ○

ニ. 蒸発式凝縮器は、空冷凝縮器と比較して凝縮温度が**低く**、主としてアンモニア冷凍装置に使われている。

問題7 正解 (1)

イ. ○

ロ. ○

ハ. ×：冷媒液強制循環式蒸発器の冷媒液ポンプは高圧受液器の液面より低く、さらに低圧受液器の液面よりも**低い**位置に置き、低圧受液器からの飽和状態の冷媒液がポンプ入口までに気化することを防ぐ。

ニ. ×：ホットガス除霜方式は圧縮機からの高温の冷媒ガスの**顕熱と凝縮潜熱**によって除霜を行い、氷がたい積しないようにドレンパンおよび排水管をヒータなどで加熱する。

問題8 正解 (2)

イ. ○

ロ. ×：温度自動膨張弁の感温筒が外れると、膨張弁が**開いて**、液戻りが生じることがある。蒸発器出口冷媒蒸気の過熱度は**低くなる**。

ハ. ×：キャピラリチューブは、冷媒の流動抵抗による圧力降下を利用して冷媒の絞り膨張を行う。キャピラリチューブには、冷媒の流量を制御し、蒸発器出口冷媒蒸気の過熱度の制御を行う**機能はない**。

ニ. ○

問題9　正解　(1)

イ. ○

ロ. ×：油分離器にはいくつかの種類があるが、そのうちの一つに、大きな容器内にガスを入れることによりガス速度を**小さく**し、油滴を重力で落下させて分離するものがある。

ハ. ○

ニ. ×：サイトグラスは、のぞきガラスとその内側のモイスチャーインジケータからなる。**モイスチャーインジケータのないのぞきガラスだけのものもある**。

問題10　正解　(4)

イ. ○

ロ. ○

ハ. ×：高圧液配管に立ち上がり部があると、その**高さによる圧力降下によって**フラッシュガスが発生する。

ニ. ○

問題11　正解　(4)

イ. ×：圧力容器などに取り付ける安全弁には、修理等のために止め弁を設ける。修理等のとき以外は、この止め弁を常に**開けて**おかなければならない。

ロ. ○

ハ. ×：圧縮機に取り付けるべき安全弁の最小口径は、ピストン押しのけ量の平方根に**正比例**する。

ニ. ○

問題12　正解（1）

イ．○

ロ．○

ハ．×：ステンレス鋼にも腐れしろを設ける**必要がある**。

ニ．×：圧力容器の強度や保安に関する圧力は、設計圧力、許容圧力ともに**ゲージ圧力**を使用する。

問題13　正解（5）

イ．○

ロ．○

ハ．×：真空試験は、気密試験の後に行い、微少な漏れの確認および装置内の水分の除去を目的に行われる。**真空試験では油分は除去できない**。

ニ．○

問題14　正解（2）

イ．○

ロ．×：蒸発圧力が一定のもとで、圧縮機の吐出しガス圧力が高くなると、圧力比は大きくなり、圧縮機の体積効率が**減少**し、圧縮機駆動の軸動力は増加する。

ハ．○

ニ．×：水冷凝縮器の冷却水量が減少すると、凝縮圧力の**上昇**、圧縮機吐出しガス温度の上昇、冷凍装置の冷凍能力の低下が起こる。

問題15　正解（5）

イ．×：冷媒充てん量が大きく不足している場合には、圧縮機の吸込み蒸気の過熱度が大きくなり、圧縮機吐出しガスは圧力が**低下**して温度が上昇する。

ロ．○

ハ．○

ニ．○

法令

問題1　正解　(3)

イ. ○

ロ. ○

ハ. ×：圧力が0.2メガパスカルとなる場合の温度が30度である液化ガスであって、常用の温度において圧力が0.1メガパスカルであるものは、**高圧ガスである**。

問題2　正解　(4)

イ. ×：冷凍のための設備を使用して高圧ガスの製造をしようとする者が、都道府県知事等の許可を受けなければならない場合の1日の冷凍能力の最小の値は、冷媒ガスである高圧ガスの種類により**異なる**。

ロ. ○

ハ. ○

問題3　正解　(3)

イ. ×：第一種製造者は、その製造をする高圧ガスの種類を変更したときは、遅滞なく、都道府県知事等の**許可を受けなければならない**。

ロ. ×：冷凍のための製造施設の冷媒設備内の高圧ガスであるアンモニアを廃棄するときには、冷凍保安規則で定める高圧ガスの廃棄に係る技術上の基準が**適用される**。

ハ. ○

問題4　正解　(4)

イ. ×：一般高圧ガス保安規則に定められている高圧ガスの貯蔵の方法に係る技術上の基準に従うべき高圧ガスは、可燃性ガス及び毒性ガスの2種類に**限られていない**。

ロ. ○

ハ. ○

問題5　正解　(4)

イ．×：アンモニアを移動するとき、その容器が残ガス容器である場合でも、防毒マスク、手袋その他の保護具を携行する**必要がある。**

ロ．○

ハ．○

問題6　正解　(1)

イ．○

ロ．×：容器の外面の塗色は高圧ガスの種類に応じて定められており、液化アンモニアの容器の場合は、**白色**である.

ハ．×：液化アンモニアを充塡する容器にすべき表示の一つに、その容器の外面にそのガスの性質を示す文字の明示があるが、その文字として**「燃」「毒」**の明示が定められている。

問題7　正解　(2)

イ．○

ロ．○

ハ．×：発生器を加熱する1時間の入熱量の数値は、**吸収式冷凍設備**の1日の冷凍能力の算定に必要な数値の一つである。

問題8　正解　(5)

イ．○

ロ．○

ハ．○

問題9　正解　(4)

イ．×：1日の冷凍能力が100トン（100トン未満ではない）である製造施設の冷凍保安責任者には、第三種冷凍機械責任者免状の交付を受け、かつ、高圧ガスの製造に関する所定の経験を有する者を選任することが**できない。**

ロ．○

ハ．○

問題10 正解 (4)

イ. ×：**定期自主検査**の実施を監督することは、冷凍保安責任者の職務の一つとして定められている。

ロ. ○

ハ. ○

問題11 正解 (5)

イ. ○

ロ. ○

ハ. ○

問題12 正解 (3)

イ. ○

ロ. ×：保安教育計画は、その計画及びその実行の結果を都道府県知事等に届け出なければならないという**規定はない**。

ハ. ○

問題13 正解 (3)

イ. ○

ロ. ○

ハ. ×：その所有する高圧ガスについて災害が発生したときは、遅滞なく、その旨を都道府県知事等又は警察官に届け出なければならない。また、占有する容器を盗まれたときにも、その旨を**届け出なければならない**。

問題14 正解 (4)

イ. ×：特定不活性ガスであるフルオロカーボン32を冷媒ガスとする冷媒設備の圧縮機の取替えの工事は、冷媒設備に係る切断、溶接を伴わない工事であって、その設備の冷凍能力の変更を伴わないものであれば、定められた軽微な変更の工事に**該当する**。

ロ. ○

ハ. ○

問題15　正解（2）

イ．×：圧縮機、油分離器、**凝縮器**若しくは受液器又はこれらの間の配管を設置する室は、冷媒ガスであるアンモニアが漏えいしたとき滞留しないような構造としなければならない。

ロ．○

ハ．×：受液器にガラス管液面計を設ける場合には、丸形ガラス管液面計以外のものとし、その液面計に**破損を防止するための措置とともに**、受液器とその液面計とを接続する配管にその液面計の破損による**漏えいを防止するための措置も講じること**と定められている。

問題16　正解（3）

イ．○

ロ．○

ハ．×：受液器には、その周囲に、冷媒ガスである液状のアンモニアが漏えいした場合にその流出を防止するための措置を講じなければならないものがあるが、その受液器の内容積が1万リットル以上であるものは、**該当する**。

問題17　正解（5）

イ．○

ロ．○

ハ．○

問題18　正解（1）

イ．○

ロ．×：冷媒設備に自動制御装置を設けても、その冷媒設備にはその設備内の冷媒ガスの圧力が許容圧力を超えた場合に直ちに許容圧力以下に戻すことができる安全装置を設ける**必要がある**。

ハ．×：製造設備に設けたバルブ（自動制御で開閉されるものを除く。）は、凝縮器の直近に取り付けたバルブに、作業員がそのバルブを適切に操作することができるような措置を講じていても、他のバルブにはその措置を講じる**必要がある**。

問題19 正解 (2)

イ. ○

ロ. ○

ハ. ×：高圧ガスの製造は、1日に1回以上その製造設備が属する製造施設の異常の有無を点検して行わなければならない。自動制御装置を設けて自動運転を行っている製造設備であっても、**1日に1回以上**、点検しなければならない。

問題20 正解 (5)

イ. ○

ロ. ○

ハ. ○

Index 索引

アルファベット

あ

い

え

お

か

き

た

ち

つ

て

と

な

に

ね

は

ひ

著者

石原 鉄郎（いしはら てつろう）

ドライブシヤフト合同会社　代表社員、資格指導講師。保有資格は、冷凍機械責任者、建築物環境衛生管理技術者、ボイラー技士、消防設備士、給水装置工事主任技術者、管工事施工管理技士、建築設備士、労働安全コンサルタントほか。著書に『建築土木教科書 炎のビル管理士 テキスト＆問題集』、『建築土木教科書 ビル管理士 出るとこだけ！ 第2版』、『工学教科書 炎の２級ボイラー技士 テキスト＆問題集』、『建築土木教科書 給水装置工事主任技術者 出るとこだけ！ 第2版』、『建築土木教科書 2級管工事施工管理技士 学科・実地 テキスト＆問題集』、『建築土木教科書 1級・2級 電気通信工事施工管理技士 学科・実地 要点整理＆過去問解説』（いずれも翔泳社）、『第３種冷凍機械責任者試験　過去問題集』（オーム社）などがある。

装丁・本文デザイン　植竹 裕（UeDESIGN）
DTP　明昌堂
漫画・キャラクターイラスト　内村 靖隆

工学教科書
炎の第３種冷凍機械責任者 テキスト&問題集

2022年　8月26日　初版　第１刷発行

著　　者　石原 鉄郎（いしはら てつろう）
発 行 人　佐々木 幹夫
発 行 所　株式会社 翔泳社（https://www.shoeisha.co.jp）
印刷・製本　株式会社加藤文明社印刷所

本書へのお問い合わせについては、ii ページに記載の内容をお読みください。

造本には細心の注意を払っておりますが、万一、乱丁（ページの順序違い）や落丁（ページの抜け）がございましたら、お取り替えします。03-5362-3705 までご連絡ください。

ISBN978-4-7981-7604-8　Printed in Japan